需求分析

黃永蒼 著

財經錢線

前　言

本書第 1 章和第 2 章著重闡述收入效應和價格效應的同一性原理，按照本書的觀點收入和價格變化的需求效應是相等的。

在個人消費行為理論甚至整個經濟學中需求原理都是最基礎的原理，人們作出了各種需求曲線對許多經濟現象進行解釋。普通經濟學教科書對需求原理的描述都相差無幾，但在一些專門的經濟學著作中，對這種描述却有許多差異。針對這種差異本書提出了單位時間收入和總收入概念，由此將需求條件中的收入條件排除掉了。

本書認為如果在消費者單位時間收入為 1 時，需求關係可描述為 $Q=-kP+b$，則在消費者收入為 r 時，需求的收入效應則如下：

$$Q=-\frac{kP}{r}+b$$

作者曾在《需求論：事實與理論的比較》一文中提出了

自己的觀點。

但若干年后作者重讀自己的文章，深感不堪卒讀，萌生了重寫的想法。但直到本書第3章貨幣需求寫就後，才對收入效應和價格效應的同一性原理有了實質性補充。本書引入了連續生產和商品生產週期，由此明確了單位時間收入就是消費者最小連續生產時間內的收入，小時工資和日薪是其典型代表。總收入對應的時間則取決於一般商品生產週期，其典型代表是年收入。經此補充后，作者才稍感收入效應和價格效應的同一性原理達到了邏輯上的完備性。

基於需求曲線向下傾斜性質不甚分明的原因，本書詳盡闡述了需求上限概念，以此替代需求曲線向下傾斜。

商品需求的數量性質、第三產業的需求性質、完整的勞動力供給曲線、工時剛性等概念，不過是個人消費行為理論的一些推導性結論而已。

作者是在2013年開始研究貨幣需求的，最初只是模糊相信貨幣無關乎經濟活動的觀念，相信貨幣政策只能解決貨幣問題，未曾想到最終會寫成此書。在現今龐雜的貨幣理論面前、在世界各國對貨幣政策、對貨幣刺激政策的熱衷面前，要讓人們接受貨幣無關乎經濟活動的觀念已經極其困難了。

在一百年前有許多經濟學家曾說過在貨幣領域，前人已經把這個問題研究得非常徹底，以致后來者無法再在這些領域作出任何研究了。人類使用貨幣的歷史已有數千年，如果

這個問題可以搞清楚,那麼在一千年前就該搞清楚了。不同時代有不同時代的貨幣,也有不同的貨幣問題。在信用貨幣時代,貨幣的主要問題是什麼?是貨幣的信用問題,是貨幣的延期支付能力問題。

對貨幣職能的不同關注引出的是不同的貨幣理論。本書關注的是貨幣的信用職能和貨幣的延期支付職能。本書讚同貨幣無關乎經濟活動,但並不認同貨幣不重要:貨幣信用是最基礎的經濟秩序的體現。只有維持這種秩序,商品交易才能正常開展,社會分工才可實現,文明的發展才有可能。

正因為貨幣之重要,我們才需要在貨幣政策上持慎重態度,才需要加倍維護貨幣的信用。在信用貨幣時代,完成這一任務較之以往要困難多了。也正因為這一原因,我們才需要剔除附加在貨幣政策之上的種種似是而非的觀念,貨幣政策只能解決貨幣問題,也只需要解決貨幣問題。

貨幣流通速度歷來被視為和生產生活的性質相關的問題,但如何相關?$MV=PQ$ 中的 V 可不是一個明確的量。作者在思考貨幣流通速度時曾嘗試過從多種角度來思考,從具體的某一單位貨幣的流通來思考,從銀行運行機制來思考。本書最終選擇了從貨幣自然流通狀態下貨幣的運行來思考貨幣流通速度。

在貨幣自然流通狀態下,商品生產週期將決定貨幣流通週期,決定貨幣流通速度。商品生產週期包括消費節奏就是

生產生活的性質。在此基礎上本書提出了貨幣需求方程式，$P = \sum_{i}^{n} P_i$，$M = \sum_{i}^{n} P_i T_i$。

思考一下貨幣自然流通狀態和實際貨幣流通狀態，債務問題就是一個清晰的問題。債務就是貨幣借貸，自然流通狀態下的貨幣需求和基礎貨幣的差值將決定一個經濟體的債務需求。這種需求也是合理的債務水平。本書根據現代工業生產長週期的性質，提出了在現代社會債務是一種合理的現象，也是無法消除的現象。

在本書中，存款準備金率是和銀行一般性壞債率相關，不宜頻繁變動。當一般性銀行壞債率為 a 時，銀行存款準備金率 r 應如下：

$$r = \sqrt{a + \frac{a^2}{4}} - \frac{a}{2}$$

本書的第 4 章財富需求和第 5 章儲藏需求並未提出什麼新穎的觀點。比如本書第 4 章只是本書貨幣觀的一種引申。在第 5 章中本書探討了眼下人們關注的養老問題，但在本書中邏輯體系中儲藏需求只是人們消費需求的一種，增加此章只是使本書更顯完整而已。

目　錄

1　收入效應與價格效應的同一性原理 / 1

§1.1　需求現象，需求的性質 / 1

在生產技術發展緩慢的農業時代需求現象大多以習慣和傳統的形式表現，需求隨價格變化的性質無足輕重。但在現代商品經濟社會，需求的性質影響深遠。

需求的實質，即勞動在需求現象中的核心地位。在經濟學中需求理論研究什麼？需求曲線體現的既是人的天性也是人的理性。

§1.2　商品需求下限和需求上限，起始消費現象 / 10

在物質豐裕的現代社會商品需求下限已少為人們提起。需求下限的生理基礎和社會心理基礎。起始消費現象。需求下限和基本生活需求。

商品需求上限主要是指數量上的上限。鹽的需求是否已達到其需求上限？奢侈品和珍寶的需求上限。

§1.3　商品需求的數量的變化，需求的無限性／19

消費需求無限增長的趨勢。在農產品需求上，需求數量有相當的增長空間，但需求的無限性仍主要體現在對品質的追求和對某些特殊商品的追求上。

相對農產品，工業品需求的數量變化範圍更小，需求的增長主要是消費者數量的增加。需求的無限性主要體現在新產品的消費和產品更新換代的加速上。

§1.4　第三產業的需求性質：雙曲線型需求曲線／24

第三產業是一個範圍極其廣泛的產業領域。第一、第二產業提供商品，第三產業提供勞務。第三產業各領域有各自不同的需求性質，休閒娛樂的需求性質：雙曲線型需求曲線。

§1.5　收入效應與價格效應的同一性原理／30

§1.6　勞動力供給曲線／34

2　收入和工時／40

§2.1　商品需求和商品使用價值，使用價值的不可
　　　比較性／40

商品需求和商品使用價值。商品交易的根本目的是為參與者換來自己需要的商品使用價值。基於商品使用價值的商

品需求模型。

在生產資料市場上商品種類的劃分是由生產性質決定的，主要基於生產的專業化和規模化要求。消費品的分類則主要基於商品使用價值。消費結構問題。

商品使用價值或商品效用的不可比較性問題。無關商品的存在性和商品效用的矢量性質。不存在僅僅由收入決定的消費行為。

§2.2　收入的基本性質，收入決定和消費決策／47

工資制度，小時工資和日薪。月薪制和年薪制下的單位時間收入。收入決定和消費決策。單位時間收入決定消費需求的性質不受市場化影響。

總收入所指的時間是和商品平均生產週期對應的，典型的總收入是指年收入。消費決策影響下一生產週期的收入。

§2.3　強迫儲蓄和消費不充分／56

儲蓄是收入和支出的差額。儲蓄的多種意義。在月薪制和年薪制條件下，消費支出之和只在很少時候恰好等於總收入。強迫儲蓄和消費不充分。

§2.4　工時問題，工資剛性和工時剛性／59

工時的性質。早期的工時和工時立法。工時僅僅是一種消費現象。但人們在潛意識中要麼把它當作一種習慣、傳統，要麼就把它當作一種法律。

工時剛性和工資剛性。和工資剛性相比，工時剛性是一種強大得多的力量。失業產生原因的一種解釋。工時調整在就業問題中的作用。

3　貨幣需求／67

§3.1　延期支付，貨幣的信用性質／67

最早的貨幣。貨幣職能：延期支付。貨幣的信用性質。貨幣是一種無需履約的信用。

交易主要發生在互不瞭解、互不信任甚至抱有敵意的個體之間、群體之間、國家之間的事實決定了貨幣本身必須具備某種實用價值或數量的穩定性

當貨幣超越各種財富形式而成為無擔保的紙幣的時候，貨幣的一些基本職能如儲藏手段、價值尺度等，就已經消失了。

§3.2　貨幣數量變動的影響，通貨緊縮和通貨膨脹／76

貨幣無關乎經濟活動的觀點只有在貨幣計量單位的調整中才能觀察到。短期內貨幣數量急遽變動的影響。

輕微的通脹最有利於經濟的發展？和通貨膨脹是現代社會的頑疾不同，在貴金屬作為貨幣的年代，通縮是人類面臨的最大困擾。

貨幣政策只能解決貨幣問題，貨幣政策的唯一目標是為

經濟生活提供需要的信用。

§3.3 貨幣自然流通狀態，商品生產週期決定貨幣流通週期 / 86

貨幣的自然流通狀態。在貨幣自然流通狀態下貨幣流通速度是緩慢的。農業時代典型的貨幣自然流通週期為一年，其貨幣平均流通週期略長於一年。

商品生產週期決定貨幣自然流通週期。和一般印象相反，在高節奏的工業生產活動中貨幣流通速度不是變得更快而是更慢了，因為工業品的生產週期顯著大於農產品生產週期。

連續性生產對貨幣流通速度的影響。連續性生產既不提高也不降低貨幣需求。多種價值構成的商品流通中的貨幣流通問題。貨幣循環圖。

消費的性質和薪金制度對貨幣自然流通的影響。窖藏貨幣。在信用貨幣條件下窖藏貨幣因素已下降到可以忽略的地步。

§3.4 新增投資和重置投資，投資的貨幣需求 / 99

新增投資和重置投資。資產增值期和資產維持期的貨幣需求。投資的貨幣需求不能以年度而必須以商品生產週期來考慮。

消費活動產生持續性貨幣需求，投資活動產生一次性貨幣需求。生產週期越長，投資的貨幣需求波動性越強。

§3.5 貨幣需求，國民收入和貨幣數量 ／ 103

§3.6 貨幣借貸和債務需求 ／ 107

　　貨幣數量不隨貨幣流通的加速而增加。在基礎貨幣數量少、貨幣流通無限加速情況下，貨幣借貸或者說債務將成為信用的主要手段。

　　債務現象，債務需求。自然流通狀態下的貨幣需求和基礎貨幣數量的差值決定了債務規模，增發貨幣是否可以減少債務？

§3.7 銀行制度：存款準備率和存貸比 ／ 117

　　存款準備率和自然存貸比。借貸次數和貨幣流通加速效應。投資的平均週期和存款準備金共同決定實際的貨幣乘數。

　　存款準備金制度，存款準備率和銀行壞帳率，存貸比。存款準備金是調節貨幣供給還是控制風險？

4　財富需求 ／ 127

§4.1 財富現象 ／ 127

　　財富尤其是工業財富的累積是現代社會最顯著的經濟現象，但財富在早期人類歷史上扮演的角色也毫不遜色。珍寶可與王權媲美，和氏璧值十五座城池？

§4.2 貨幣財富 ／ 131

　　貨幣財富和貨幣需求。貨幣財富累積的界限。人民公社

制度下的貨幣財富。工分。貨幣財富只是各種實物財富的影像而已。

§4.3　財富需求 / 137

財富是一個範疇。各種財富總是與人們的消費需求相聯繫的，但財富不同於消費品。財富猶如阿拉丁神燈。

財富需求。財富需求的核心問題是工業財富的需求。工業財富本質上只是長週期生產活動中表現出來的生產現象，不存在一般性的工業財富需求。

§4.4　工業財富的基本性質 / 145

工業技術的迅速發展是工業生產最基本的性質。工業財富資產價格由此也表現出不穩定性和快速貶值的性質。工業品的普通消費品性質和工業財富無限增長的性質。

企業資產。企業資產評估。投資者是企業資產的實際購買者，也是出價最高的購買者。某種企業資產總價格的一般性下降的性質。

工業產能過剩問題。生產能力超出人們最低消費需求是人類社會的普遍現象。產能過剩帶來的工業資產價格的大規模重估問題。

5　儲藏需求 / 155

§5.1　儲藏，物品的自然儲藏期，儲藏技術和儲藏職能 / 155

動物越冬的儲藏。最初的儲藏行為延長了自然物的保質期，提高了物品利用水平，增強了人類適應環境的能力。法老的夢。

物品的自然儲藏期。儲藏技術，現代儲藏技術的發展為少數人依靠儲藏物維持長期生存提供了可能。

儲藏職能。現代世界性商品市場已經嚴重依賴於發達的儲藏技術，但儲藏最本質的職能是應對未來不虞之需。

§5.2 現代工業生產的連續性性質 / 163

連續性生產是現代工業生產的主要特點之一。停止一切生產活動，哪怕持續時間很短，對現代都市社會都是不能承受之重。

儲藏的高昂成本和世界性市場的形成降低了儲藏的意義。國家糧食儲備和戰略石油儲備。

§5.3 養老問題、養老現象種種 / 172

撫育下一代是人的天性，而贍養老人則是文明的產物。養老問題，尊老重賢還是賤老貴少？養老現象種種。

§5.4 儲藏和儲蓄，儲蓄養老的經濟基礎 / 177

儲藏和儲蓄，儲藏不能解決養老問題。儲蓄養老的經濟基礎：工業生產的長週期性質和工業資產的大量湧現。

§5.5 儲蓄養老制度的建立，養老問題的性質 / 181

儲蓄養老制度的建立。養老問題的性質：養老問題是一

個個人經濟選擇問題還是社會道德選擇問題?

§5.6 替代率和法定退休年齡問題／185

　　儲蓄養老制度基本規定：法定退休年齡、替代率、繳費比例。各種選擇的經濟性和道德性問題。法定退休年齡還是基本退休年齡?

1 收入效應與價格效應的同一性原理

§1.1 需求現象，需求的性質

需求現象。在生產技術發展緩慢的農業時代需求現象大多以習慣和傳統形式表現，需求隨價格變化的性質無足輕重。但在現代商品經濟社會需求的性質影響深遠。

人類經濟活動的最終目標是自身消費需求的滿足，但只有在現代社會需求問題，即消費者消費什麼、消費多少才成為我們需要面對的首要經濟問題，消費需求已不再是一件理所當然的事情了。在每一種消費領域，都有無數質量不等、性能各異、價格懸殊的商品供人們選擇，商品種類的層出不窮需要我們對商品種類做出選擇。商品生產能力無限提高的

前景要求我們對商品數量做出選擇，我們生產多少商品、累積多少資產已不再取決於生產能力，而是取決於消費需求。在我們面臨的各種經濟問題中，需求問題成了最首要的經濟問題，需求隨價格下降而增加的原理就成了經濟學中最基本的原理。

對於維繫人類生存來說，基本數量的食品、飲用水需求總是必不可少的，我們願意花費極大的努力得到這種需求上的滿足。所有的消費需求，在能夠免費獲取且無限供給時，我們也只會取用我們需要的數量。大多數商品當其價格高到一定水平的時候，我們會放棄消費，即使我們整天無所事事也不願花那樣的代價獲得這些商品。在商品價格下降或收入提高的時候，我們需要更多數量、更多種類的消費品，也會選擇更優質的消費品。這些都是我們習以為常的需求現象，正是這些需求現象對現代經濟活動產生了重大影響。

在生產技術發展緩慢的農業時代，需求的性質、需求隨價格變化的性質是無足輕重的。在那個時代，我們的各種需求包括柴米油鹽醬醋茶，包括衣食住行也都存在需求曲線。但在數十年乃至上百年時間內生產技術不變、生產組織不變、產品價格不變的情況下，需求隨價格下降而增加的性質是沒有意義的，我們往往觀察不到需求現象。從預期壽命數十年時間跨度來看，我們的需求只是停留在需求曲線的某個點上，需求和價格的關係是一種靜止的關係。

在工業時代，我們每個人在一生中都可以觀察到許多商品價格的巨大變化。不但工業品價格迅速變化，農產品價格的變化也加快了。一些商品尤其是工業品價格會從很高的水平降到微不足道的水平，我們甚至能觀察到少數商品完整的需求曲線。這種變化對我們的生產生活產生了重要的影響。在市場環境下，作為消費者，我們根據市場變化做出的任何消費決策都會直接影響生產者、投資者的收益。同時，作為生產者，我們又必須根據市場的需求決定我們的生產、決定我們一生中將會從事的各種職業。

在漫長的農業時代，從數代人生存的時間跨度來看，人們有著相似的消費觀，上一代人怎樣生活下一代人就怎樣生活。在現代社會中，屬於消費者主權範圍內的事情在農業時代是以充滿道德色彩的生產生活習慣和文化傳統的面目出現的。這種習慣和傳統不但提出了人們怎樣的消費才是正當的消費，還會勸告人們怎樣勞動、勞動多長時間。需求現象失去了其經濟性而披上了道德的色彩，長期不變的經濟活動的性質又不斷強化著其合理性。在這樣的環境下需求曲線就像其他許多經濟規律一樣是隱形的，隱藏在各種文化、習俗之中。在古代社會，不勤奮工作、只消費少量東西的生活態度往往會被人們視為懶惰。

在 20 世紀五六十年代之交的大饑荒結束后，據說農村曾有人在反思饑荒產生原因時認為，在農村地區一直到公共食

堂開辦之前農民一直就只有大半年存糧，需要半年吃干飯、半年吃稀粥。在食堂開辦起來後人們就頓頓吃干飯、寅吃卯糧，把糧食提前吃光了。

農業時代的消費觀念和勞動態度以勤勞和簡樸為核心。在這種觀念中，勤勞的含義不是要求人們勤奮勞動為他人生產很多東西，簡樸也不是要求人們將節約下來的東西資助他人。這種價值觀也不能理解為一種苦行僧式的價值觀。這種價值觀的核心是把勤勞和簡樸視為一種致富途徑，視為一種出人頭地的途徑。在西方早期經濟學中也隨處可見說法各異但實質却相差無幾的勤儉致富的價值觀，鄙視消費、提倡儲蓄正是這種價值觀念的體現。

在現代高度發達的勞動分工體系中，我們每個人幾乎都不再直接為自己生產消費品了，也幾乎喪失了獨立生產任何一種消費品的能力。農民需要購買種子、化肥、農藥，需要使用各種農業機械，在其產出中自身勞動價值只占很少的比重。在工業生產中，我們使用的各種原材料、半成品、生產工具都是許多人勞動的結晶，要想像原始人那樣一切從頭開始，我們什麼也干不了。我們每個人生產的產品也不再是為了滿足自身的消費需求，而是通過市場、通過銷售或者通過計劃調撥提供給其他人，通過他人的消費才能實現產品價值，換來我們需要的東西。如果大家都持一種簡樸的消費態度，能不消費就不消費，那麼我們就只需要很少的生產了。在現

代社會我們不但不再指責人們消費，還鼓勵消費，這就是消費信貸。在市場機制中贏家通吃的現象是存在的，但在市場環境下個人財富的累積又必須依賴他人的消費，而他人是不能在貧窮的狀態下有足夠消費的。

在現代社會勤奮仍是許多成功人士的經驗總結，但勤奮的含義有了諸多新內容。體現在勞動態度上尤其是勞動時間上，現代社會並不鼓勵人們無休無止的勞動。我們有勞動法、有工時立法，在一百年前八小時工作制就已成為現代人類社會普遍接受的原則了。這是一種制度，也是一種道德。我們不能讓少數人沒日沒夜工作，製造出可供全人類享用的產品，而讓多數人沒活干、沒飯吃或者吃閒飯。我們鼓勵消費是因為基於消費需求的生產才是有意義的，要消費就得參加勞動以獲得收入，鼓勵消費也是鼓勵勞動。我們不提倡人們超出自身消費需求過多勞動，是因為有更多的人需要勞動、需要就業。

在古代社會我們信奉「各人自掃門前雪，休管他人瓦上霜」，我們可以雞犬之聲相聞但老死不相往來，我們相信「自己動手、豐衣足食」。在現代工業社會，這一切都發生了改變。我們生產不了我們自己需要的東西，我們只生產他人需要的東西，客戶是上帝成了我們的信仰。想一想改革開放后南下的勞動大軍，想一想這些年來走進工廠、走進企業、走進各種公司的人，有哪一個人是為了生產自己需要的東西？

人們當然是為了掙錢，掙了錢再換來自己需要的東西，沒有一個人是為了生產自己需要的東西。

中國古代有三百六十行的說法，但在農業時代當一輩子農民是多數人的命運。中國古代和近代，工業時代初期的歐洲國家、早期的美國，農民數量都曾經占到總人口的90%以上。現在則相反，在一些發達國家，90%以上的人都不是農民了。和古代的子承父業情況不同，在現代社會，許多人在自己的一生中都不得不從事多種職業，學習多種技術。一些人在讀書時選擇了某種熱門專業，期望能有好的就業前景，但未等到畢業，所學的東西就已過時。和古代生產力水平及普遍的物質匱乏相比，今天生產力水平已極大提高、物質財富已極大豐富了。埃及人要想再次建造金字塔、中國人要想再修長城都是一件很容易的事情。我們的南水北調工程，不再需要像隋朝修大運河那樣徵發大量的勞役。大煉鋼鐵時代生產出的鋼鐵還不如現在一家大型鋼廠的產量，數十倍於大煉鋼鐵時代的鋼鐵產能，帶給我們的不是欣喜而是產能過剩的煩惱。

在高度發達的勞動分工體系下，我們所有的生產活動都要聽命於市場，在短短的一生中我們不得不從事多種職業、不得不面對各種全新的生產領域，我們有能力生產多得多的東西卻只維持適度的生產，這些都是需求現象。需求性質決定著我們生產什麼、生產多少，決定著我們的職業選擇，沒

有比這更重要的了。

需求的實質，勞動在需求現象中的核心地位。在經濟學中需求理論研究什麼？需求曲線體現的既是人的天性也是人的理性。

人們是否消費某種商品、消費量為多少是由商品屬性和人們為獲得該商品需要付出的代價共同決定的。在消費者行為理論中，這種關係被概述為效用和付出、代價的關係。商品屬性這一概念和商品效用、商品使用價值等概念表達的意思差不多，商品屬性是由其自然屬性和消費者需求性質決定的。從商品屬性來看，商品性能改進、品質提高及新產品出現都會增加消費者需求，提高消費者為同等數量的商品願意支付的代價。

消費者為獲得某種商品需要付出的代價是由生產能力，即商品的勞動生產效率決定的。人們習慣將這種代價理解為貨幣，理解為錢。早期許多經濟學家有感於貨幣表達不盡如人意就用勞動來表達，再后來許多經濟學家為了避免爭議又改用付出、辛勞、心血、代價等來表達。這其中部分原因是人們對勞動一詞一直有頗多爭議。在漫長的農業時代和工業時代初期，人們一直認為只有農業勞動才是真正的勞動，才是創造社會財富的勞動。到了近代，人們逐漸認可了工業勞動也是真正的勞動，造槍造炮是真正的勞動，造一些奇技淫巧的東西比如鐘表、望遠鏡等也是真正的勞動。到了現代社

會，人們才隱晦地認可了勞動的多樣性，認可了勞動是一個範疇。但造比特幣是不是真正的勞動？金融經濟真是虛擬經濟嗎？

在自然界，肉食動物如獅子、豹子在捕獵時會因為獵物跑得太快而放棄捕獵行為，這種行為的后果是很嚴重的，那就是挨餓。能挨餓的獅子、豹子就生存下來了，不能挨餓的就只好死去。早期人類也有長途跋涉尋找食物的經歷，獲取的食物量也取決於勞動付出。在如此重要的消費領域，人們的消費行為和勞動付出都有著聯繫，在其他不那麼重要的消費領域，人類消費行為和勞動付出的聯繫就更為明顯了。經濟發展的事實告訴我們，除了天賜之物，人類各種需求的滿足無不以人類勞動為前提，只有勞動效率的提高才有消費量的提高和消費品的豐富，因此勞動在需求現象中居於核心地位。

個人消費行為理論是經濟學最基礎性的內容，但經濟理論對需求現象的研究限定在一個很狹窄的範圍。經濟學不對需求現象本身進行研究，要解釋需求現象本身，從營養學、醫學、行為科學等角度，往往能得到更好的解釋。

在20世紀六七十年代，中國城市地區平均工資水平只有二三十元，除用於購買計劃供應的糧食、肉食、油、布匹等物品外，剩余的錢就用於在自由市場或黑市購買糧食、蔬菜、肉類等。那時一個家庭一個月能吃一兩次肉就不錯了。改革

開放后，肉食消費才逐漸增加並最終成為多數家庭的普通需求。經濟學研究什麼？經濟學不能回答為什麼在月工資20元時人們每月只吃一次肉。在月工資50元的時候每月吃兩次肉，月工資到了一百元的時候才開始喝牛奶。經過長期窖藏的醋、酒有著高得多的售價。這一事實，我們也無從論證也無需論證。我們當然可以說經過長期窖藏的酒味道醇厚，但這只是一種同義反覆。人們在什麼樣的收入情況下有什麼樣的消費，長期窖藏的醋、酒有更高的價格，這些事實就是需求現象本身。為什麼會這樣？經濟學是給不出答案的。經濟學當然會關心這些事實，但一定要將這些稱為研究的話，那麼這些都只不過是一種統計而已。

李嘉圖曾指出，國民生產總值不是經濟學的研究內容[①]。國民生產總值取決於人們的消費需求，取決於生產的性質，但消費需求本身是無從解釋的。不管是好的消費習慣、壞的消費習慣，還是國民生產總值，都只是一種經濟現象，這些現象本身只能歸結為人類的某種天性，我們無法從其他更基本的事實中歸納出這些事實。

在描述人類消費行為時用概率論、模糊論來闡述似乎更合理一些，但這些都只代表需求現象的重複性。在現實經濟生活中，我們也很難清晰地觀察到某種商品基於需求和勞動

---

① 凱恩斯. 就業、利息和貨幣通論 [M]. 北京：商務印書館，1997.

付出關係的需求曲線，但在習慣上人們都認同需求曲線是存在的，只是對這條曲線是怎樣的、受到哪些經濟因素的影響持不同態度。需求曲線反應的是人類的天性，這種天性反應的也是一種人類理性。天性的東西，就是我們無法迴避的東西，當你想限制、想鼓勵它的時候，天性不會消失，而只會以一種變形的方式體現出來。在消費政策上限制消費、鼓勵消費都不恰當，尊重消費者的權利才是最重要的。

§1.2 商品需求下限和需求上限，起始消費現象

商品需求下限，在物質豐裕的現代社會商品需求下限已少為人們提起。需求下限的生理基礎和社會心理基礎。起始消費現象。需求下限和基本生活需求。

商品需求下限是指人們對某種商品的最低消費需求，為了滿足這種最低限度的消費需求，消費者願意付出極大的努力。在現代物質豐裕的社會，多數商品的需求下限都是零，只要獲取商品的代價超過了某一程度，消費者將會放棄消費。只有少數商品比如食品、飲用水等的消費，才存在生理因素決定的商品需求下限。在人們消費水平處於需求下限時消費者有怎樣的消費行為，我們是難以描述的，其需求曲線在臨

近需求下限時只能以圖 1.1 所示的曲線來表達。

醫學、營養學對食品、飲用水的消費需求進行過大量研究，世界衛生組織提出了人體每天必須攝入的熱量、蛋白質、飲用水的數量指標，攝入量不足會使人體處於營養不良狀態。據說在美國這樣的發達國家，食品消費在目前水平基礎上下降 3/4，人體仍會處於營養良好的狀態。但按照世界衛生組織的標準，目前在許多國家仍有一些人群處於營養不良狀態。僅僅在三四十年前，中國食品的短缺、營養不良狀況還是一種普遍現象，饑餓的感受在年長的中國人心中是一種真實的記憶。

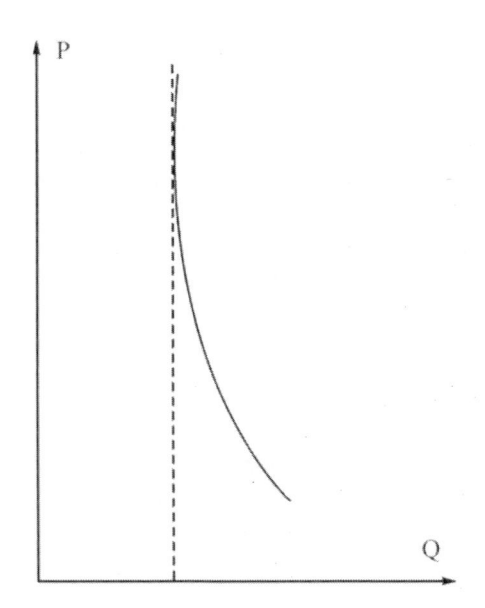

圖 1.1　存在商品需求下限的商品需求曲線

大多數商品不存在需求下限，其需求下限為零。奢侈品

消費需求如此，普通消費品需求也如此。我們今天消費的許多普通商品本身也是在經濟技術進步后由奢侈品轉化來的。奢侈品和普通商品的需求曲線都如圖1.2所示。如果說這類商品存在需求下限，這一下限就是零。和需求下限密切相關的是起始消費現象。如圖1.2所示，當商品價格高於某一水平時，需求量會下降到零，也就是放棄消費。只有在商品價格下降這一水平之下以後，人們才會有消費需求。這一價格點我們稱之為起始消費點，這種現象我們稱之為起始消費現象。小轎車走入家庭的現象就是典型的起始消費現象。存在需求下限的商品消費，不存在起始消費現象，因為這個起始點延伸到了無窮遠處。

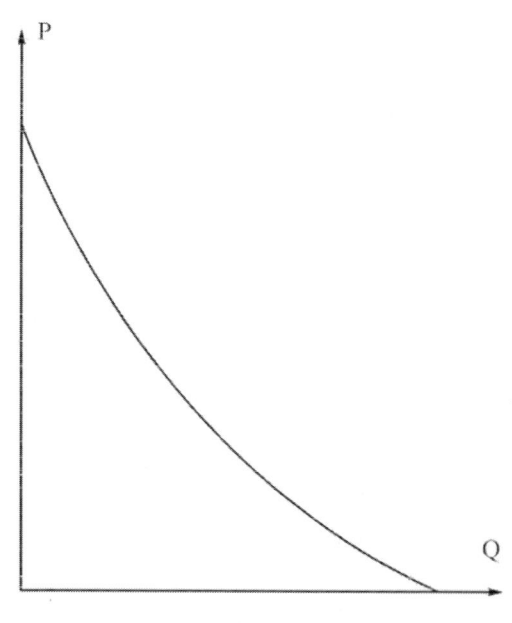

圖1.2 普通商品需求曲線

我們習慣上將存在需求下限的商品稱為必需品，而將不存在需求下限或需求下限為零的商品稱為普通商品。對於消費者來說，沒有食品和沒有私人遊艇、私人飛機是性質極為不同的事情。

在人們的消費需求中，幾乎只有食品、飲用水等極少數商品才存在由生理因素決定的需求下限，其余多數商品的需求下限是由社會因素、文化因素、心理因素決定的。沒有鹽，人們可以淡食。一直到 20 世紀初期，由於長期的鹽業專營，中國西南地區許多偏僻之地仍沒有足夠的食鹽供給，許多貧窮家庭和普通家庭都只能淡食。沒有住宿之地，人們可露宿野外。在中國抗日戰爭時期，處於日機轟炸重慶航線上的巫山縣城，在受到多次轟炸后房屋全部被毀。幸存下來的人們只好割草搭棚居住，在歷史上留下了草城的記載。沒有衣物，人們可以赤身裸體，在古埃及流傳下來的壁畫中，除了貴婦人，其他侍女是不穿衣服的。但沒有食品、飲用水，人類就無法生存了。

食品需求下限的這種性質，即食品在人們消費需求中不可或缺的性質，使中國古代產生了民以食為天的意識。在現代物質豐裕的社會，商品的這種性質的需求下限已很少被人們提起了。即使在古代社會，在物質極其匱乏的年代，除了食品、飲用水的需求為社會普遍認同外，人們尚有許多基本需求需要得到滿足，遮羞與御寒的衣物、簡陋的住所、基本

的睡眠和休閒等在任何時代都會被視為合理的基本生活需求。不同時代不同環境下，人們對基本消費需求的理解是很不一樣的，在中國在改革開放後出生的人與從過去物質匱乏時代走過來的人相比，對基本消費需求的要求要高得多。當這種需求得不到滿足時，人們也會表現出與當初在更低的基本消費需求得不到滿足時相似的行為。這種基本消費需求，構成了消費品市場的需求下限。

商品需求上限。商品需求上限主要是指數量上的上限。鹽的需求是否已達到其需求上限？奢侈品和珍寶的需求上限。

商品需求上限是指在商品能免費獲取且能無限供給時的需求量。任何商品都存在需求上限，這一概念對我們理解許多經濟現象是必不可少的，是我們理解許多經濟現象的出發點。我們只是談論某種商品的需求，不管是糧食、肉類，還是煤炭、鋼鐵、電腦等，人們不難讚同需求上限的存在性。但當我們泛泛談論消費需求時，需求上限就不那麼清晰了，經濟理論的一個基本假設是需求的無限性。

食品、飲用水的消費是很少幾種具有需求下限的消費，但也是有著顯著需求上限的消費。醫學、營養學告訴我們，熱量、蛋白質、飲用水攝入量不足會引起營養不良的反應，但過量攝入熱量、蛋白質則會引起肥胖等多種疾病，過量飲水會增加腎的負擔引起腎衰竭。暴飲暴食，長期過量食用某

種食品如內臟、海鮮，過量食鹽、飲酒、吃醋都會引起各種健康問題。在食品類消費領域，各種消費都不能過量，不能超過需求上限。這種需求上限和錢無關，在這種消費上不是多多益善，超限消費不但對人沒有好處，還會嚴重危害健康。

在20世紀70年代，四川地區流傳甚廣的一個故事是劉文彩吃鴨子。據說劉文彩在吃鴨子的時候只吃鴨腳掌心那麼一點點兒東西。鴨腳掌心就那麼一點點兒，要製作一盤劉文彩式的爆炒鴨腳掌心需要用掉多少鴨子？在那個饑餓年代的四川人看來，這樣的生活是十分奢侈的，也是人們十分向往的。但從消費的性質來說，從需求量來說，我們也可以說劉文彩吃得很少，只需要鴨腳掌心那麼點點兒東西就夠了，其需求上限比普通人更小。

在消費支出中食品類開支一直是被低估的，我們在購買其他商品之后，有時會有維修的支出，但沒有一種商品像糧食、蔬菜、肉類一樣還需要我們花那麼多的時間進行再加工。除了極少數家庭習慣長期在餐廳就餐，絕大多數家庭是自己加工製作食品，在食品的清洗、揀選、加工、配料、烹飪等等環節要花費大量的時間。這些時間和人們在職場工作的時間相比是很多的，其比重遠高於食品消費開支在總收入中的比重。比起在餐廳就餐，我們購買淨菜、半成品、成品食品需要花多得多的錢。

在食品需求問題上，人們對食材的優質、天然，對色、

香、味，對食品營養均衡等有著近乎無限的追求。中國有八大菜系，但除此之外仍有數不勝數、膾炙人口的美味佳餚。中國菜現在已走向世界，但全球各地許多有著悠久歷史、有著世界聲譽的食品也正向我們走來。在現代都市的大型超市中，我們不難看到來自世界各地的各種食品，這些食品種類之多、花樣之繁，即使我們花去一生的時光也難以一一品嘗。

這是一種奢侈，也是一種文化，這些事實揭示了人們在食品消費需求上的無限性。但這種無限性不是消費數量上的無限性，是食不厭精、膾不厭細性質上的無限性。僅僅從需求數量上講，食品需求上限是非常鮮明的。既有鮮明需求下限又有鮮明需求上限的食品類消費，其需求曲線大體如圖1.3所示。

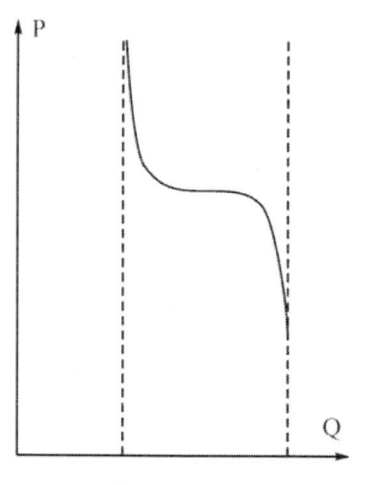

圖1.3 食品類商品需求曲線

達到需求上限要有兩個基本條件：免費獲取和無限供給。

這兩條中的任何一條都難以得到滿足。從免費獲取這一條來看，經濟發展不但沒有給我們提供越來越多的免費商品，市場機制運作的趨勢還要求在更多的生產和服務領域引入市場機制，包括政府服務，我們需要對越來越多的東西付費。我們以前不花錢的水需要我們花錢購買了，可以免費觀賞的景區也越來越少。從無限供給來講，人口增長和經濟發展都對資源提出了越來越多的需求。地球變得越來越擁擠了，除了陸地、海洋、太空的擁擠不斷加劇，電磁頻道都變得擁擠了。經濟無限發展的前景對商品需求上限概念提出了強烈的質疑，但需求上限的存在就像需求曲線向下傾斜一樣。當然需求曲線向下傾斜並不能推導出需求上限的存在性，但不存在需求上限，則在商品價格趨於無窮小的時候，需求必然會變得無窮大，可有這樣的商品存在？我們找不到需求數量可以無限增長的商品，但要搞清楚任何商品的需求上限也是困難的。在現實生活中要想找到需求上限清晰的商品，鹽可能算其中之一。

在漢朝實施鹽鐵專營之前，煮鹽、冶鐵就是中國各地通過發展工商業致富的主要手段，管仲相齊時出於爭霸的需要，提出了一系列振興工商業的政策，其中就包括煮鹽、冶鐵等具體經濟政策。在漫長的封建時代，鹽業專營帶來的收益一直是政府的主要財源之一。到了現代，鹽稅雖然早就不重要了，但鹽業專營制度一直到幾年前才被廢除。

我們現在都清楚，鹽是我們這個星球上最不稀缺的東西，是可以無限供給的東西。一個青海茶卡鹽湖的鹽就足可供全中國人民食用70多年。在許多鹽湖區，鹽被作為其他化工原料生產時的副產品生產出來並被作為廢品閒置起來。除了分佈廣泛的井鹽、岩鹽、湖鹽外，還有無邊無際的大海作為我們食用鹽的后備倉庫。至於鹽的價格，改革開放以來，鹽價上漲是最不引人注目的。人們對鹽價上漲視若無睹，其根源在於鹽的生產成本和運輸成本尤其是運輸成本的下降早就使得鹽的支出在人們的消費支出中處於無關緊要的位置了。我們不擔心未來某一天，鹽會再次成為一種稀缺資源，我們也不擔心鹽價上漲會導致消費的減少。我們需要鹽就是需要氯化鈉、需要咸的味覺，在鹽中加入碘、加入螺旋藻，不會增加鹽的消費，我們不需要把咸的感覺轉化成其他感覺，鹽的需求上限清晰。

需求上限之存在和實際經濟生活中我們的商品供給能否滿足需求上限時的需求不是一個概念，有些商品尤其是珍寶類東西，其供給永遠都難以滿足需求上限時的需要，但這和需求上限是否存在不是同一個問題。僅僅從生產角度來看，許多奢侈品消費水平都是難以達到其需求上限的。在奢侈品之為奢侈品的時候，供應量只能滿足少數人的消費需求，人們不讚同需求上限是存在的。但在人類歷史上許多曾經充當過奢侈品的物品在今天早已成為了尋常之物。比如絲綢、茶

葉、瓷器、玻璃製品在古代社會都充當過奢侈品角色。中國的瓷器在國外曾價值等重的黃金，絲綢一直到近代都是相當富有的人才能穿的。玻璃在數千年前的中東地區就已被生產出來，但在中國，玻璃製品一直到近代都是稀有物。在近代工業社會，各種工業品幾乎都是首先以奢侈品面目出現的，早期的洋布、煤油燈、電燈，近代的電子產品、家用電器、轎車等，都是如此。在歐洲早期的鋁製餐具價格曾高於黃金餐具，在中國早期的手機曾等值於廣州的一套住房。

珍寶的需求上限是最有意思的。被人們視為最難以滿足消費者需求的珍寶，其實只有很低的需求上限。被人們視為珍寶之物必須具備存量稀少的性質，珍稀性越強珍寶屬性就越強。有些珍寶在自然界一次被發現後就再沒有被發現，比如田黃石，其價格就會一直維持高位。珍寶數量的少量增長會嚴重危及珍寶的位置，如果這種珍寶沒有一般性實用價值，數量的增長往往還會使人們放棄對這種珍寶的消費。

§1.3 商品需求的數量的變化，需求的無限性

消費需求無限增長的趨勢。在農產品需求上，需求數量有相當的增長空間，但需求的無限性仍主要體現在對品質的追求和某些特殊商品的追求上。

從整個市場來看，某種商品價格的下降總會引起銷量的增長，需求曲線向下傾斜的性質有充分的體現。但對單個消費者來說，價格下降往往並不引起消費數量的上升，市場上商品銷量的增加往往是消費者數量增加的結果。對單個消費者來說，有些商品需求的數量有較大的變化範圍，有些則一直都只在很小的範圍內變動，這是商品需求的數量變化。從商品需求的數量變化來看，所有商品都存在需求上限。消費需求的無限性假設不是建立在人們對某種特定商品有著無限的需求上，而是建立在人們對無限種商品都有著潛在的需求上。要論證需求上限的存在性，倒不如先看看消費需求是怎樣表現其無限增長趨勢的。

如果商品屬性沒有改進的餘地，在使用價值上也沒有新的用途出現，比如鹽，其需求上限就會很清楚。我們認為鹽的需求上限可以達到，除了鹽的生產成本下降和鹽的需求性質外，鹽的品質數千年來都沒有什麼改進也是原因之一。

食品類需求包括糧食、肉類、水產、禽蛋、蔬菜、水果等，都既存在需求下限，也存在需求上限。在需求下限和需求上限之間，需求的數量變化情況如何？多數食品相互之間都存在一定程度的替代性。我們需要食品，是需要食品中的各種營養物質。長期只消費一種食品，如糧食、肉類、水果，都會導致營養不良，但借助一種食品人們也可生存較長時間。要談論某種食品需求的數量範圍，不能不涉及其他食品的

消費。

在物資匱乏的年代，人們常常得不到足夠的糧食，不得不長期處於半饑半飽狀態。生活水平的提高首先體現在消費數量的增加上。從最低的僅能維持生存的消費水平到吃飽飯、吃干飯，糧食數量從一二十斤到數十斤增加。再往后是優質糧食品種替代劣質糧食品種和肉類消費的增加上。對這樣一種需求數量變化過程我們如何評價？怎樣判斷需求的數量變化範圍是很大還是很小？

據說在中國改革開放之初，美國大豆經營者曾認真研究過中國市場，當時中國還是一個大豆輸出國。美國的研究者認為隨著中國人收入的增加，肉類需求將大幅度上升，對大豆的需求也將大幅度增加，中國也將從大豆輸出國轉變成大豆進口國。因此，美國的大豆經營者就極力向中國人灌輸大豆的營養價值，灌輸在畜牧業和水產養殖業中能提供蛋白質的大豆的經濟價值，那時在中國大豆還主要用作食物被直接消費掉。最終美國的大豆生產者在中國大獲成功，中國也成了美國主要的大豆出口市場。

中國肉類消費市場潛力巨大，中國肉類需求數量有很大的增長空間，這是那個年代美國大豆經營者對中國市場的判斷。如果在今天再次對中國市場進行研究，結論恐怕就不一樣了。在不同時代，讓不同的人來談論各種產品的需求數量，以及需求數量變化範圍是大還是小，都會有不同的結論。只

有在農業有了充分的發展，人們消費需求已大幅度超過需求下限時，人們才會認同農產品的需求在數量上已沒有多大增長潛力了。

在食品消費領域，需求的無限增長主要體現在食材品質、花樣翻新、山珍海味以及外出用餐等的消費上。有些食品、飲料據說要在特殊自然生態環境下經過很長時間才能生產出來，如法國的葡萄酒，中國的茅臺酒、普洱茶等，其產量是無法滿足大眾需求的，只能以高價格供少數人享用。

在食品類或農產品需求上，無論從整個市場的角度還是從消費者個體的角度看，需求數量都有相當的增長空間。但在經濟發展到一定階段後，需求的無限性將主要體現在對品質的追求上和某些特殊商品的追求上。

相對農產品，工業品需求的數量變化範圍更小，需求的增長主要是消費者數量的增加。需求的無限性主要體現在新產品的消費和產品更新換代的加速上。

工業技術迅速發展的性質往往使人們誤以為在工業品消費上，人們有著無限的消費需求。其實在工業品消費上，需求上限的存在性更為顯著。在農產品的需求上，經濟的發展多多少少會導致人們消費數量的提高，而在工業品消費需求上，人們對於許多工業品的需求在數量上往往是不變的。工業品消費水平的提高主要體現在新產品的消費上，體現在產品更新換代的加速上。

和農產品的需求相比，工業品需求的數量變化範圍更小。對消費者來說，許多工業品都只需一件就可滿足消費需求了。在中國，曾被視為消費時尚的收音機、手錶、縫紉機、自行車、電風扇到后來的彩電、電冰箱、洗衣機，再到后來的手機、摩托車、轎車，我們每個人都只需要購置一件。在電視機廉價且居住條件許可的時候，有的家庭會購置多臺電視放置在不同的房間，但購置數量不會超過家庭人數或家庭房間數。在人人都有手機的時候，有些人喜歡不停地換手機，但其持有量始終只有一兩部。有些消費者會購置許多臺轎車，有豪華型、越野型、普遍性，但多數家庭購置轎車的數量不會超過家庭成員數。

包括糧食、肉類、蔬菜、水果等農產品一經消費就消失了，而工業品往往可多次消費、長期消費，因此工業品需求的數量變化範圍要小得多。

工業品商品價格下降導致的商品銷量提高不是因為已有購買者增加了購買量，而是有更多的收入更低的消費者加入了進來的緣故。如果技術發展有效提高了產品性能，或者產品本身的折舊速度很快，那麼商品價格的下降將提高消費品更新換代的速度，從而增加消費量。比如在飽和的汽車市場上，汽車生產廠家一直在試圖推出各種新車型，其出發點不是吸引新客戶購置汽車，而是吸引已有客戶更新換代，購買新車型。

和商品生產數量的增加需要更多的勞動投入不同，商品性能的改進和品質的提高主要依賴技術進步而非勞動力數量投入的增加，這在工業生產中體現得最為明顯。以家用電器產業為例，改革開放初期中國曾出現過大量的家電生產企業，雇用了大量的職工，但現在這些企業大多數都倒閉了。家用電器的供應情況又怎樣呢？質優、價廉、品種繁多是現在家電市場的真實狀況。商品需求的數量變動規律決定了任何商品生產都會經歷從產生到快速增長再到市場飽和的過程。在市場達到飽和后，雖然產品性能的改進和品質的提升仍有很大的空間，但不再需要投入過多的勞動力資源。

§1.4　第三產業的需求性質：雙曲線型需求曲線

第三產業是一個範圍極其廣泛的產業領域。第一、第二產業提供商品，第三產業提供勞務。第三產業各領域有各自不同的需求性質，休閒娛樂的需求性質：雙曲線型需求曲線。

第一產業包括農、林、牧、漁等產業領域，其產品的生產過程主要是指植物、家禽家畜、魚類的生物生長過程。生命體性質是其生產特點，也是產品特點。這種生產性質並不

因我們採用了多種現代技術、現代裝備而改變。第二產業包括採礦業、製造業，則主要是對非生命體自然物的開採、製造、利用，產品生產過程主要是物理和化學過程。除此之外的所有經濟部門和政府部門都被納入了第三產業。按照這樣的產業劃分方法，第三產業是一個範圍極其廣泛的產業領域。第一產業和第二產業提供商品，第三產業提供勞務。

在消費需求上，商品需求的數量性質決定了需求的無限增長主要體現在新產品的需求和商品品質的改善上。除了在產業革命時期，這種性質將導致直接從事農業生產和工業生產的勞動力日趨減少，而第三產業的重要性日益提高。在今天，農產品的重要性未曾改變，缺糧仍然是要餓死人的。工業生產的意義也不曾降低，任何一個稍具規模的國家也需要有發達的工業生產體系支撐整個國民經濟。但從對勞動力的需求來看，農業和工業的重要性無疑是下降了。在我們消費支出中，農產品和工業品的消費支出在我們的整個消費支出中的比例也下降了。

在對第三產業產出的消費上我們具有怎樣的需求性質？我們對勞務的需求會不會像農業、工業那樣也存在需求上限？第三產業有那麼強的勞動力吸納能力以吸收從第一產業、第二產業中釋放的大量勞動力？

過去曾有一些人將第三產業簡單理解為服務業，提到發展第三產業時就只想到開餐館、辦酒店。但按照產業劃分標

準，第三產業範圍廣泛，其中每個領域又都有自己的生產特徵和需求特徵。

倉儲業、物流業、商業一直都被視為第三產業，但這些領域其實只是第一和第二產業的延伸。在企業內部，產品在各個生產部門的移動屬於生產活動，跨越企業地理界限就成為物流業。一些人在反思近代中國落后的原因時往往過於強調重農抑商觀念的禁錮作用，在西方國家關於產業資本和商業資本誰更重要的爭議也一直存在，產業空心化也一直是人們擔憂的問題，實際情況又怎樣？

在古代中國，商賈一直是一種非常重要的合法職業，商賈不通則財貨不足。戰國時代各國商人扮演著重要社會角色，如鄭國商人弦高之退秦師、呂不韋相秦。秦滅六國，統一貨幣統一度量衡大大便利了全國各地的商品流通。到漢代，中國商人就已開闢了到西域、南洋的商路。為便於商品流通，中國人花費了上千年時間挖掘大運河。宋朝在鼓勵工商業和海外貿易上則達到了極致。據說在宋朝，國家財政收入中的五分之一來自海外貿易，這一指標到現在我們都難以望其項背。到明清時代，有片板不許入海的禁令，但也有鄭和的大航海，這個時代對外貿易已成為中國人心目中揮之不去的影子。

在抑商最嚴重的時候，清政府仍保留了廣州作為對外貿易的特別行政區，保留了十三行專事對外貿易。在中國歷史

上對外曾有過海禁，對內則從未有過商禁，國內統一的大市場對古代中國經濟的發展功不可沒。鹽的專營是中國兩年多年來的財政特色，但除了政府的壟斷，這種專營還要求商路的暢通、要求鹽商在納稅後的經營自由。商賈不通則財貨不足的古訓一直都被中國人牢記著。

沒有商品流通就不會有商品交換，也就不會有發達的勞動分工和協作，而沒有這些經濟發展就失去了基本的推動力。在需求性質上，我們對包括倉儲、物流、批發及零售商業的整個商品流通業的需求和我們對商品的需求在性質上是一致的。網購和快遞業的興起在促進了消費的同時也給傳統零售業帶來了極大的考驗，因為流通環節少了。推動商品流通業進一步發展的基本動力來自世界經濟一體化的加深，來自社會分工的進一步發展。從需求性質來講，我們對商業的需求和商品需求的性質差不多，只是在發展階段上我們尚處於商品流通業發展的上升階段，其就業吸納效應仍處於擴張階段。

第三產業中的技術和信息服務、技術諮詢、技術研發、職業教育等在本質上無論如何都屬於第一產業和第二產業的構成部分，這些行業從直接的商品生產中獨立出來純粹是專業化高度發達的結果。

通信行業和醫療保健行業本身就是一個獨立的產業部門。當信息以電子信息方式傳播時，其傳播屬於通信部門。但當信息不是以電子信息的方式而是以文本資料實物形式傳播時，

其傳播屬於物流部門，屬於快遞業。快遞業背負沉重的資料奔跑的形象與報務員輕按電鈕滴滴發報的形象比較起來，快遞員的勞動更像是真正的勞動。醫療保健行業歷來是一個獨立的行業，只是在現代，這個行業容納了比過去要多得多的就業人員。

　　金融產業在許多國家都被視為另類行業，金融經濟被視為虛擬經濟。從貨幣的職能來看，這樣的評價並沒有錯。但從銀行職能來說，銀行的核心業務是貨幣借貸，而貨幣借貸往往是滿足生產經營尤其是投資的需求，因此銀行最主要的經濟角色是投資人角色，履行的是投資職能。經濟的現代化當然需要金融業的現代化，但金融業發展的主要任務是扮演好投資人角色，其直接的就業吸納效應甚微。要降低融資成本，使實體經濟有更好的發展前景，還需要減少金融業占用的勞動力資源。

　　第三產業中休閒娛樂業是種類最多的行業，包括餐飲業、茶坊、酒吧、迪廳、音樂、體育、藝術、休閒及旅遊業等，這也是我們傳統上理解為服務業的產業。這種產業的消費性質又如何呢？這種需求仍然是一種需求曲線向下傾斜的需求，我們猜測這種需求還是一種雙曲線型需求，其勞動力供給曲線為一水平直線，從需求數量來講該類需求有持續且無限增長的特性。這一需求曲線如圖1.4所示。

　　人們對休閒娛樂的消費可以理解為付費休閒。在生產力

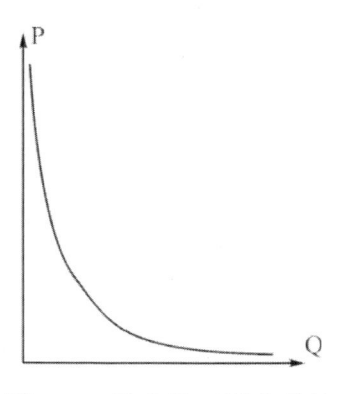

图 1.4 雙曲線型需求曲線

高度發達的情況下，在我們不需要花那麼多時間直接用於物質產品的生產的時候，我們能做什麼？在農業時代，在糧食單產大幅度提高的時候，我們一定會有多得多的休閒時間。在工業時代，生產力發展往往也會導致同樣的結果。在商品需求得到滿足，在其他第三產業的需求也得到滿足的時候，生產效率進一步大幅度提高最可能導致的一個結果是休閒娛樂的增加。在休閒時間我們可以什麼都不干待在家裡，也可以成天看電視、上網，四處閒逛。我們有時間又有錢時，花一些錢休閒娛樂將是一種合適的選擇，我們可以四處旅遊。閒逛和旅行的最大區別是花錢和不花錢。無所事事、四處閒逛是低俗的無聊，花錢坐飛機、輪船滿世界遊覽是高雅的消費。在街頭小巷看人打架是一種淺薄，到世界杯賽場、奧運會賽場看拳擊比賽是一種文明。付費休閒就這樣起到了創造正當職業的作用。

旅遊的數量需求仍然是由旅遊產品的性能和價格決定的，在價格相同時好的旅遊項目更能吸引遊客，同樣的旅遊項目其價格降低時也能吸引更多的遊客。旅遊項目的產品性能不但包括項目的觀賞價值，也包括旅途的便利、舒適、住宿、餐飲及服務質量等。在旅遊成本中，除了旅途費用、食宿費用、景區費用、導遊費用外，人們最大的費用往往是時間費用。經濟發展和消費者收入的增加都可以解決其他費用問題，唯一不好解決的是時間費用。閒暇時間的增長往往會直接促進旅遊業的增長，總和的旅行時間的價值體現的就是旅遊業的產值。在閒暇時間一定時，我們猜測統計意義上的旅遊需求曲線是一種雙曲線型需求曲線，但這一曲線本身隨著閒暇時間的增加將提高。這種需求性質就使得以旅遊業為代表的付費休閒產業有足夠的發展空間。這種發展可以有效吸納因勞動效率提高而產生的農業多餘勞動力、工業多餘勞動力，其前景是無限的。

§1.5　收入效應與價格效應的同一性原理

需求原理認為在需求條件不變，包括收入不變的情況下，商品價格下降將導致需求增加。儘管有的經濟學家提出收入

是一個不符合邏輯精確性要求的概念①，提出需求曲線關於實際收入不變的假設是迴避問題的做法②，我們仍這樣使用需求曲線、使用需求原理。我們的經驗告訴我們，普遍的商品價格下降意味著我們實際收入的上升，某種商品單獨的價格下降也意味著我們實際收入的上升，但我們還是習慣需求曲線、需求原理描述問題的方法。

收入首先是一個流量的概念，是指我們在某個時間段，比如一小時、一個月或者一年內獲得的貨幣收入。按照時間的不同來劃分，收入劃分為單位時間收入和總收入。單位時間收入是指人們在最小的連續工作時間內獲得的收入，小時工資和日薪是單位時間收入的典型代表。總收入對應的時間和商品生產週期有關，年收入是總收入的典型代表。消費也是一個流量概念，消費對應的時間和總收入對應的時間是一致的。

單位時間收入和總收入之間不是一個數學換算關係，在一個連續工作時間內我們會連續工作，在這個微小時間段，單位時間收入和總收入是一致的。但從更長時間，比如一個月、一年、十年來看，我們會花多少時間工作、花多少時間休閒完全取決於生產生活的性質，取決於我們的消費需求。不同的生產生活性質、單位時間收入和總收入的關係是很不相同的。生產效率的提高幾乎都不會導致生產量的同比例增

---

① 希克斯. 價值與資本 [M]. 北京：商務印書館，1995.
② 馬克·布勞格. 經濟學方法論 [M]. 北京：商務印書館，1992.

長，價格下降一半需求增加一倍的情況是罕見的。

因此在需求條件中「收入不變」只能是指消費者單位時間收入不變。

對消費者來說，商品價格的下降和單位時間收入的上升是完全等效的。因為在兩種情況下消費者購買某種商品支付的貨幣代表著同樣的勞動付出、同樣的辛勞，這是收入效應和價格效應同一性原理的基本意義。

如圖 1.5 所示，假定在消費者單位時間收入為 1 時消費者的需求曲線為 D1 曲線，那麼當消費者收入為 2 時，消費者在任何價格下的需求量就等於 D1 曲線相應價格一半時的需求量，由此我們可得出需求曲線 D2。同樣我們可得出其他收入條件下的需求曲線，如圖 1.5 所示，曲線 D1/2、D1、D2 分別代表消費者單位時間收入為 1/2、1、2 時的需求曲線。

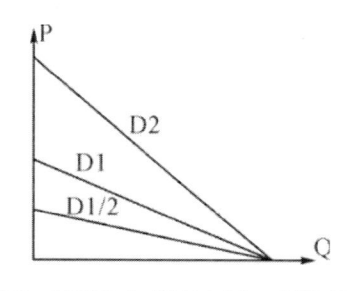

圖 1.5 消費者單位時間收入變化引起的需求曲線變化（線性）

以函數關係表達，假定需求曲線為線性關係，消費者在收入為 1 時對某商品的需求關係可表示為：

$$Q = -kP + b$$

那麼當消費者收入為 r 時，消費者對該商品的需求關係就可表示為：

$$Q = -\frac{kP}{r} + b$$

當需求關係非線性時，情況也是類似的，如圖 1.6 所示即為隨收入變動的非線性的需求曲線變化的情況。

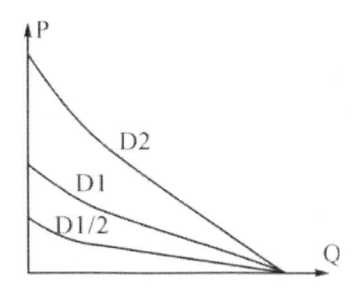

圖 1.6　消費者單位時間收入變化引起的需求曲線變化（非線性）

在存在多種消費品的場合，收入效應與價格效應的同一性應作如下表述：在商品結構和價格體系不變的情況下，消費者單位時間收入增長后的消費組合將等同於消費者收入不變，而各商品價格均按相應比例下降后的消費組合。在這種情況下，單一商品價格變化的影響不等效於單位時間收入變化的影響。

從圖 1.5 和圖 1.6 中我們可以看出，在不同單位時間收入條件下，起始消費點是不同的，但需求曲線都存在上限且需求上限相同，這一點正和前面論述的需求上限與收入無關

一致。若原需求曲線向下傾斜，則新的收入條件下需求曲線亦向下傾斜，原需求曲線為線性，則新的需求曲線也為線性。向下傾斜的需求曲線在收入增長後需求曲線斜率變了，在任意價格下需求的價格彈性也變了。收入越高，某一價格下的需求越趨近於需求上限，相應的價格彈性越小。不論需求曲線原來是什麼形狀，隨著收入增長，都將逐漸接近一平行於縱軸P的直線，呈現出趨近於需求上限的特點。在某一價格水平下，當收入低於某一值時，該商品需求將下降為零，這也意味著，消費者收入越高消費者消費的商品種類越多。

§1.6 勞動力供給曲線

在經濟生活中，我們每個人都既是生產者又是消費者，因此需求和供給是一枚硬幣的兩面。在勞動力供給問題上，我們認為消費需求將決定勞動力的供給。假如沒有投資和新增商品庫存，需求和供給將會完全一致，但投資的存在並不改變事情的性質。在工業社會，投資僅僅是一種長週期的工業生產活動，在只有重置投資而無淨投資時，投資就只會以折舊的形式計入消費品價格之中。因此消費需求最終將決定勞動力供給，勞動力供給其實是一個商品總價格問題，商品總價格的性質如何，勞動力供給特徵就如何。

在消費需求中，各種商品都有著各自的需求特徵，有著不同的需求曲線，人們總消費需求的性質是重複的。我們只能通過對各種商品的需求性質推測總需求性質，推測總的勞動力供給曲線的性質。最簡單的商品需求關係是線性關係且需求下限為零，其勞動力供給曲線相對簡單。

假定人們對某種商品的需求關係為線性 $Q = -kP + b$，在商品價格為 P 且不變條件下，我們可以作出以工資（單位時間收入）為縱坐標、以商品需求量為橫坐標的需求曲線，此時 k、P、b 均為常量，i 為自變量。其中：

$$Q = -\frac{kP}{i} + b \quad （其中, i \geq kP/b）$$

此曲線如圖 1.7 所示。這一曲線是一條以 Q=b 為漸近線的雙曲線的一段。工資越低，則意味著單位商品生產所需勞動時間越高，因而需求越小。當工資低於某一值（Pk/b）時，需求將下降為零，勞動力供給也將下降為零。在工資不斷提高的時候，需求則會逐漸提高並逼近其需求上限，工資無限高或價格為零是需求達到其需求上限的理論含義。

在某一工資下勞動力總供給量（勞動時間）與工資之積和商品需求量 Q 及價格 P 之積相等。

由 $iS = QP$，可知 $S = -\frac{kP^2}{i^2} + \frac{Pb}{i}$

這一函數描繪於圖 1.9 中為 S 曲線。S 曲線具有向后拐

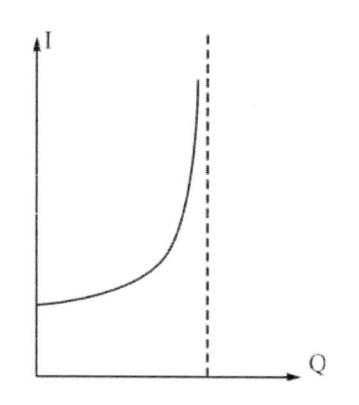

图 1.7 以工资表达的商品需求曲线

的特徵。全社會成員對各種消費品的勞動力供給曲線和個人的勞動力供給曲線有相似的性質，以此可推導社會總的勞動力供給特點。我們將 S 值除以社會平均年勞動時間（小時/年），即可得到以就業人數衡量的勞動力供給曲線 S′，S′走向與 S 一致，這個曲線就是通常意義上的勞動力供給曲線，只是我們常常只畫出了其中的一段。

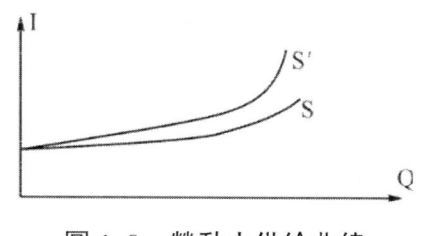

图 1.8 勞動力供給曲線

將圖 1.8 普通商品的勞動力供給曲線以工資為橫坐標完整地描述出來，其走向如圖 1.9 曲線所示。

普通商品的勞動力供給曲線中，在收入很低時（小於 KP/

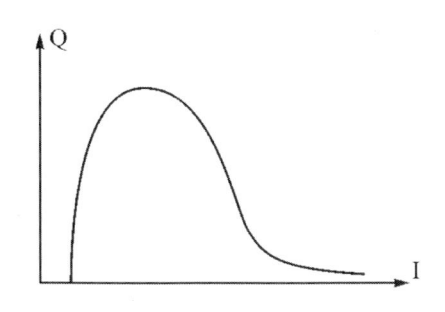

圖 1.9　普通商品完整的勞動力供給曲線

b），也就是商品價格高於起始消費點時，消費者將放棄消費，這時商品需求產生的勞動力供給將為零。隨著工資的提升，勞動力供給將上升，其上升特點體現為快速上升。在達到勞動力供給極值後，勞動力供給又將下降，體現為緩慢的下降，最終在收入很高時，勞動力供給又將再次緩慢趨於零。

存在需求下限的商品，如圖 1.3 所示的商品，其勞動力供給曲線是重複的，我們將這一曲線大致按圖 1.10 繪出。這種商品需求曲線的勞動力供給存在上限，是需求量趨於需求下限時的勞動力供給。在需求僅達需求下限時，消費者行為特徵難以評估，但勞動力供給曲線的上限是存在，這就是每天 24 小時，每年 365 天都勞動時的勞動力供給。在工資提高後，也就是價格下降後，勞動力供給曲線將一般性下降。在這一下降過程中，勞動力供給有可能出現階段性上升，然後再次下降，最終也緩慢地趨近於零。

完整的勞動力供給曲線如圖 1.9、圖 1.10 和通常不完整的勞動力供給曲線如圖 1.8 帶給我們完全不同的感受。不完

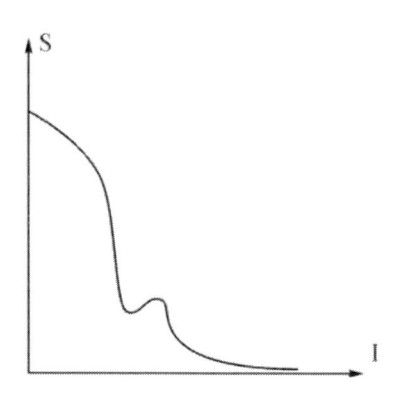

圖1.10　存在需求下限的商品完整的勞動力供給曲線

整的勞動力供給曲線雖然向我們展示了勞動力供給曲線向后拐的性質，但給我們留下最深印象的仍然是工資的上升將吸納更多的勞動力，而不是在拐點過后工資上升引起的勞動力供給下降。

　　普通商品勞動力供給曲線告訴我們，發展生產是提高人們生活水平、增加就業的基本途徑。商品價格過高，只會使人們放棄消費，導致更低的就業水平。在生產發展初期，商品消費的就業吸納效應是非常顯著的，這就是圖1.10曲線左端表現的情況。比如中國20世紀80年代家用電器產業的發展就具有這種性質，那時家用電器生產商遍地開花，一些軍工企業也紛紛加入進來。21世紀以來，轎車產業的發展也起到了這樣的就業吸納作用。達到一定階段后或者說市場飽和后，其就業吸納效應將進入下降階段。在這個階段，產品性能的改進、新產品的推出只會延緩這種下降的速度和程度。

具有需求下限的商品在供給初期有很強的吸納就業的能力，比如食品、鹽等商品。農業在幾乎所有國家（遊牧民族當然以畜牧業為主）都曾是主要的經濟活動領域，吸納了絕大多數勞動力，鹽在中國一直是政府重要的財源。這種吸納效應隨著生產力的發展也將快速下降。

在人們消費需求中，鹽的消費是比較特殊的。鹽在人們心目中往往被當作一日三餐必不可少的東西，但鹽又是一種存在起始消費現象的商品，當鹽的價格過於高昂時，人們會放棄鹽的消費。我們把家用電器和鹽的勞動力供給曲線放在一張圖上，如圖 1.11 所示。在收入較高的時候，鹽的勞動力吸納能力遠遠低於家用電器的吸納能力。但在收入較低時，人們仍會消費鹽，為國家財政提供支持，鹽仍有少量的勞動吸納能力。在初期，家用電器消費是零。只有在收入達到一定階段后，家用電器消費才會快速增長，超過鹽的經濟作用，超過鹽的勞動力吸納能力。

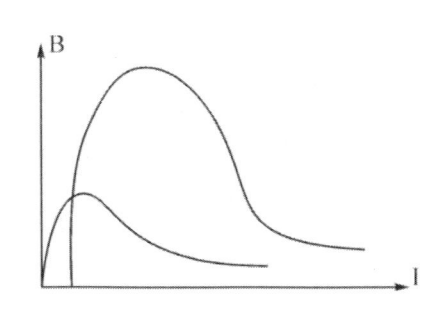

圖 1.11　鹽和家用電器勞動力供給曲線對比

2 收入和工時

§2.1 商品需求和商品使用價值，商品使用價值的不可比較性

商品需求和商品使用價值。商品交易的根本目的是為參與者換來自己需要的商品使用價值。基於商品使用價值的商品需求模型。

在許多情況下商品價值或交換價格表現為一種和商品使用價值沒有什麼關係的現象。正如亞當·斯密所說的，有很大使用價值的物品，如空氣、水，沒有價值，而幾乎沒有什麼使用價值的物品，如鑽石、珠寶，却有很高的價格。但我們需要某種物品，無論是可以免費且無限量獲取的自然物品還是需付費且有限的經濟物品，總是具有滿足我們某種消費

需要的屬性。一種商品對消費者沒有任何作用，那麼該商品將不會有交換價值。需求曲線本身表達的正是商品價值或交換價格和使用價值的關係，這種關係不是固定的關係而是一種曲線關係。我們說商品價格下降需求上升、價格上升需求下降，都只是表達了價值或交換價格和使用價值的關係。

在商品交換中，參與交易的雙方都是以獲取對方的商品使用價值而非價值為目標的，對對方商品使用價值的需要而非交換比例是交易雙方優先考慮的問題。雙方只有在有交易動機的前提下，才會進一步協商交換比例問題。

在人們的思維習慣中，商品使用價值是直接根據商品特性確定的，比如食品的營養性、服裝的保暖性及舒適美觀性、燃料的熱力性能等都可作為商品使用價值的指標。撇開了價格因素，我們似乎更能清楚地解釋好商品的使用價值。只是這種使用價值和價格有什麼聯繫？需求曲線表達的就是這種關係，表達的是人和物的關係。任何一種商品無論其需求曲線如何，都對應著多種可能的商品價格，可以有多種邊際效用。商品價格取決於商品邊際效用在邏輯上是一種循環論證。商品價格當然是一個重要的問題，價格決定了我們是否交換某種商品、交易量是多少，但這都只是需求現象。

商品使用價值作為商品的自然屬性，我們一般將它視為一種不變的量。比如水、糧食等，其使用價值都是由商品本身的自然屬性決定的。商品使用價值自然存在遞減現象，我

們用水灌溉時，初期的水對植物生長來說是生死攸關的，隨著用水量的增加植物會生長得越來越好，直到超過某一界限，增加的用水量就會阻礙植物的生長。在工業生產領域要生產一定數量的某種產品，需要多種資源，每種資源都並非多多益善。各種資源都存在不同的投入產出性質，都存在收益遞減性質。這些都是由自然因素、技術因素決定的。

在直接的物物交換中、在勞務和商品交換中、在付錢購物的消費中，我們獲得了我們需要的商品使用價值，這種交換不是零和的交換。如果說我們的付出和收穫是等值的，我們就沒有必要做這種無聊的游戲。因此，從交換角度來看，商品使用價值和價格是不存在等同關係的，用支出來等同代替商品使用價值，交換雙方的好處又從何而來？消費者剩余表達的就是這種好處。在貨幣化市場環境下，所有商品都需要有價格，這是市場機制起作用的前提，但價格並不能代表商品的使用價值或效用。

在商品需求和商品使用價值之間存在的關係，僅僅表達了需求現象，商品使用價值的性質不同，需求現象就不同。按照熊彼特的觀點，效用價值論建立的商品交換價值和使用價值的聯繫是效用價值論所取得的重要成就[1]。

如果要用商品使用價值或者效用來描述商品需求現象，

---

[1] 約瑟夫·熊彼特. 經濟分析史 [M]. 北京：商務印書館, 1995.

我們需要建立一套使用價值評價體系，使用我們在生活中並不習慣的數量描述方式。商品使用價值或效用只和商品數量有關，假設商品邊際效用曲線仍為線性，$M_U = -K'Q + b'$。人們獲得某種數量的商品的支出是代價，$U' = \pi PQ/r$，其中 π 為常數，代價以勞動時間表達，和單位時間收入呈反比關係。消費需求現象是下述最優化問題：

求 Q。

$$\max(U - U') = \int_0^Q MU dQ - \frac{\pi PQ}{r} = \int_0^Q (-K'Q + b') dQ - \frac{\pi PQ}{r}$$

求解上述問題，我們得到：

$$-K'Q + b' - \frac{\pi P}{r} = 0$$

即 $Q = -\frac{\pi P}{K'r} + \frac{b'}{K'}$

令 $\pi/K'=k$，$B/K'=b$，則 $Q = -\frac{KP}{r} + b$。

在生產資料市場上商品種類的劃分是由生產性質決定的，主要基於生產的專業化和規模化要求。消費品的分類則主要基於商品使用價值。消費結構問題。

在農業時代，商品種類也是非常豐富的。司馬遷在《貨值列傳》中概述了當時中國各地的土特產品，夫山西饒材、竹、穀、纑、旄、玉石，山東多魚、鹽、漆、絲、聲色，江

南出楠、梓、姜、桂、金、錫連、丹砂、犀、玳瑁、珠璣、齒革等。在中國古代有360行的說法，商品種類則遠遠超過了360種。早期商品種類主要依據商品的消費屬性來劃分，當然出產地和製作工藝也是商品種類劃分的依據之一。在那個我們認為生產力低下的年代，要一一列舉各種商品，恐怕也是非常困難的。

在現代社會，商品種類就更為重複了。在工業品市場尤其是生產資料市場，商品種類的劃分不再由商品屬性決定，更主要是由生產的性質決定，由生產的專業化和規模化要求決定。在現代社會，生產者要生產某種比較簡單的商品，都需要到全國各地去採購生產所需的各種東西，每個生產者生產的商品也會用到其他多種商品的生產中。許多商品生產需要多道工序，這些工序是放在一家企業中完成，還是放在不同的企業中完成，是由生產的性質決定的，是由社會分工決定的。在現代社會，出於對經濟效益的追求，稍稍重複的商品都採取了國際分工的方式，這種分工的發展豐富了商品種類。在形成這種分工的時候、形成商品種類的時候，人們很少從商品使用價值方面來考慮，而主要是從生產需要方面來考慮。

在終端消費品市場，商品種類是由人們的消費性質決定的。和商品種類的迅速增加、商品性能的迅速改進相比，人們對商品使用價值的需求是相對穩定的。比如早期我們使用

陶器烹煮食物，后來使用銅鍋、鐵鍋、鋁鍋，這些變化並未影響商品使用價值，當然鐵鍋、鋁鍋比陶器好用多了。在交通運輸的需求上，早期除了借助蓄力、水運外，就只能依靠人力，后來有了鐵路、公路，再后來有了飛機。但不管採用哪種方式，我們要求的都是貨物和人員的運輸。

有相同和相近使用價值的消費品被我們歸入同一類消費品，我們在各類消費品上的消費支出構成我們的消費結構，包括食品消費、衣著消費、居住消費、交通通信消費、醫療消費、家庭設備用品及服務消費、文娛教育消費和其他消費等。在同一類消費中，商品之間有很強的替代性和互補性，商品價格變化對其同類商品的需求有較大影響。不同類的商品在使用價值上不存在可比性，商品價格的變化對其他類的商品需求影響甚微。

商品使用價值或商品效用的不可比較性問題。無關商品的存在性和商品效用的矢量性質。不存在僅僅由收入決定的消費行為。

對於替代商品和互補商品的存在性人們毫無爭議，經濟理論對商品替代現象和商品互補現象已分析得非常清楚了。但在是否存在無關商品，或者說商品效用之間是否一定存在比較性的問題上存在很大的爭議。這不是一個可以在理論上探討清楚的問題，而完全是一種生活經驗的總結。在邏輯意義上，商品使用價值或效用的可比較性假設只是效用不可比

較性假設的一種特例。因此問題的核心是存不存在無關商品。如果不存在無關商品,那麼所有商品之間就只是替代關係或互補關係。對此,經濟生活提供了多種經驗,這些經驗又將會使我們得到不同的結論。

我們對消費結構的劃分依據的是商品使用價值,或者說商品效用、商品自然屬性。我們即使不能說不同類的商品相互之間就是無關商品,但也有充分理由認為其相互影響相對於同類商品之間的影響要小得多。這種影響小到一定程度,也就體現了充分的無關性。

在存在無關商品時,商品使用價值或效用的評價是一個矢量問題,這種矢量性質會給我們帶來很大的麻煩。最簡單的問題之一是商品價格問題。按照矢量的觀點,矢量要相等則每個分量要相等,也只有在矢量的各個分量均按同等比例變化時,才有「大小」之分,除此我們不能比較兩個矢量大小。一些商品價格上漲了,另一些價格下降了,在這種情況下,我們就無法說物價是上漲了還是下降了。在經濟生活中,物價指數只是對商品價格的一種經驗性的概略性描述,因為這一原因人們往往對是否存在通貨膨脹都很難達成一致意見,在一些人認為存在通貨膨脹的時候,另一些人會認為存在通貨緊縮。

恩格爾系數指出的一個家庭收入越少,家庭收入中(或總支出中)用來購買食物的支出所占的比例就越大這一現象

對於論證無關商品是否存在是沒有幫助的。在收入較低時,對於消費者來說,有許多消費品價格沒有達到起始消費價格,因此不存在消費。在收入提高后,食物消費量雖然仍會增長,但消費支出增長的幅度可能不如收入增長幅度。

某些消費行為如月光族的消費向我們展示了另一種景象,這就是所有消費品的需求和價格都是相互影響的。在休閒娛樂消費上,或者付費休閒上,展示的是所有消費品的需求和價格是相互影響的。

在存在多種消費品的時候,消費品市場使用價值的構成顯然影響著人們的消費行為。在所有消費品相互之間均為替代關係和互補關係時,商品之間需求和價格有較強的影響。在存在無關商品時,一些商品價格變化對其他商品需求的影響很小。但無論消費品市場使用價值的構成如何,不存在僅僅由收入決定的消費行為,只有和消費品市場密切聯繫的消費行為。

§2.2 收入的基本性質,收入決定和消費決策

工資制度,小時工資和日薪。月薪制和年薪制下的單位時間收入。收入決定和消費決策。單位時間收入決定消費需求的性質不受市場化影響。

「收入」無疑是人們日常經濟生活中使用頻率最高的概念之一，個人、企業、國家都面臨各式各樣的收入問題。一般情況下消費者的收入被視為決定人們消費行為的基礎，如凱恩斯的消費函數理論和希克斯消費決定的理論，這一點被視為收入的基本性質。正如希克斯所指出的，收入的基本性質是作為審慎行為的指導[1]。在此之外，另一種觀點則認為消費決策也是影響人們收入的因素，不同的消費決策可能導致消費者不同的行為，比如是否兼職、加班、改變職業等。

　　在談到收入的時候，多數職業的人默認的收入是指月薪甚至年薪，我們在統計收入的時候，統計的通常是年薪。對多數人來說，小時工資和日薪的概念是模糊的，要計算小時工資和日薪，得經過一番換算才行。只有對少數職業的人來說，小時工資和日薪才有實質性的意義，比如基建領域的勞務工，家教、家政、職業培訓等領域的就業者。在這些領域的就業者心目中，月薪和年薪的概念則較為淡漠。在這些人心目中，小時工資、日薪和月收入、年收入的關係不是一種簡單的換算關係，其關係受經濟環境的影響很大。當你詢問這些人的收入時，你很難得到通常意義上的月薪和年薪的回答，他們會首先告訴你小時工資或日薪是多少，然后才說今年掙了多少錢。

---

[1] 希克斯. 價值與資本 [M]. 北京：商務印書館，1995.

在實行小時工資或日薪的情況下，單位時間收入決定消費的現象很顯著。據說過去在德國曾有農場主為了刺激農民多勞動就提高了小時工資，最終却發現許多農民減少了勞動時間，因為工資提高后農民只需較少的勞動時間就可滿足自己的消費需求了。在中國的新疆地區，每到棉花採摘季節都有許多內地人到新疆採棉。這種職業實行的是計件工資制，對每個人來說這和小時工資制是相近的。要是現在提高新疆採棉人的工資，大約不會出現德國農場中提高小時工資却導致勞動力供給減少的現象，因為現在的消費品市場比過去豐富多了，有足夠的消費動力刺激人們獲得更多的收入。

對於領取小時工資和日薪的就業者來說，是不是需要干滿每個月，是不是需要多兼一份職，都是有意義的經濟選擇問題。在實行這種工資制的生產領域，往往也容許人們自由選擇勞動時間。

在工業生產領域，不管是管理人員、技術人員，還是工人，幾乎都沒有自由選擇勞動時間的權利。請假雖然被容許但對當事人來說其代價一般都比較高昂，其經濟損失會遠遠大於和請假時間相當的正常工作時間的收入。即使消費者願意接受經濟上的損失，企業也不喜歡雇傭經常請假的人員。有些企業在產品銷售困難時不會立即裁員而是減少每個員工的工作時間，但這種做法通常都只能是暫時性措施。員工和企業雙方都並不願意長期只工作少量時間而領取較少的工資。

因此，對多數人來說，實際工作時間和法定工時是一致的，或具有穩定的關係。

如果我們把年薪視為總收入，則在任何工時制度下月薪或年薪決定了，單位時間收入也就決定了，兩者之間存在實際的換算關係。單位時間收入決定消費，消費再決定總收入又從何說起？在年勞動時間改變后，人們的消費行為會產生多大的變化？20年前的20世紀90年代中國周工作時間由6天縮短為5天，同樣的月薪或年薪對應的單位時間收入約提高到了原來的1.2倍，按照單位時間收入決定消費的觀念，人們的消費需求將會提高。但現實更可能是人們的多數消費水平並無多少變化，變化最大的可能是人們在休閒娛樂上的消費增加了。相反，在勞動時間大幅度延長但月薪和年薪不變的情況下，消費水平的下降可能主要表現在奢侈品消費的下降上，因為錢來得不容易了。同樣的月薪或年薪，工作時間更長也更勞累的從業者或許傾向於較少地消費和較多地儲蓄，以便可以早早退休。

實現月薪制和年薪制的消費者，折算出的小時工資或日薪和同樣真實執行小時工資或日薪的消費者相比較，兩者在消費行為上是有差異的。領取小時工資或日薪的消費者，對自己的收入會有偏低的估計。

在月薪制和年薪制下，仍然存在單位時間收入問題。在企業沒有多余勞動力的情況下，在一個最短的連續工作時間

内，人們生產出的產品數量雖然不直接決定自己的收入，因為短期內盈利和虧損都是由企業承擔的，生產效率的變化首先影響的是經營者的收益，但這種變化是商品價格變化之因，產品最終銷售價格仍取決於這種效率的變化。在企業內部，人們最終的收入也取決於這種效率。只有這種收入性質的變化，才會導致人們消費需求的變化，導致人們年收入和年勞動時間的變化。或許我們可以說，生產技術的進步、新興產業的發展引起的不是各個企業就業人員勞動時間的頻繁變化，而是各行業就業人員數量的變化，包括結構性失業人員數量的變化。長期來看，這種變化還將影響社會的工時制度。

是收入決定消費，還是消費決定收入？這其實就是生產決定消費，還是消費決定生產的問題。假如我們對生產的性質和消費的性質都有清晰的瞭解，生產和消費只是一枚硬幣的兩面。在生產和消費合為一體時，只有生產了多少產品我們才能夠消費多少產品，我們需要消費多少產品也才會生產多少產品。在生產週期短暫，比如普遍只有數天或數月生產週期的情況下，在生產技術變化不大的情況下，是收入決定消費還是消費決定收入的問題是不存在的，我們很容易使兩者一致。

從時間順序和因果關係來講，在生產和消費合為一體時，我們只有預先把產品生產出來，才能消費這些產品，這是收入決定消費的基礎。但生產出的東西我們是否一定會消費？

我們賴以獲得收入的生產最終是否有效？孤島上的魯濱孫曾花費大量精力砍伐了一棵大樹想造一只獨木舟，但在獨木舟造好后卻發現單靠自己的力量無法把船推下海。這樣的事例在現代社會其實是很普遍的。

在自然經濟的農業生產中，農民當年消費的糧食只能是上一年的產出物，而當年從事生產能獲得多少收入需要等到收穫時才知道。但在工業生產中，多數人只要從事了生產活動，就能獲得收入，這種生產活動和魯濱孫造獨木舟的行為是沒有什麼區別的。一些商家在訂貨時會告知生產者詳細的產品性能要求，但並不告知產品的最終用途，甚至還會要求生產者保密。除了投資者，人們不可能等到自己的產品最終得到了應用、創造了價值后才獲得收入。比如人們參加修建三峽水電站，能要求人們等到電站發電且收回投資后再領工資嗎？收入決定消費，準確地說是當期收入決定我們對上一生產週期產出物的消費。這種消費決定又將決定我們下一生產週期的生產，並再次決定我們的收入。

當期消費由上期收入決定，當期收入為下期消費做好經濟上的準備，這是農業時代收入決定消費的含義。在工業時代，經營者在確定工資水平時，優先考慮的是當前勞動力市場的狀況，前一生產週期的收益只會作為一種參考。國有企業有時是依據上一年度企業效益而不是依據當年度員工的實際產出來確定當前員工工資的，勞動力市場狀況仍是企業不

得不考慮的問題。在工業時代，人們消費的對象儘管仍只能是上一生產週期的產出物，但其收入不必等到當前的生產週期結束且產品實現其價值后才獲得收入，因為這個週期太長了。對多數人來說，只能依據當前的收入來決定自己當前的消費，並由此影響我們下一生產週期的生產。這是單位時間收入決定消費需求的性質不受市場化影響的含義。

總收入所指的時間是和商品平均生產週期對應的，典型的總收入是指年收入。消費決策影響下一生產週期的收入。

總收入所指的時間是和商品平均生產週期對應的，只有用這樣長的時間來考慮問題，我們才能安排好我們的收支，安排我們的工作和生活。在農業時代，多數消費品的生產週期是一年，幾乎所有農產品、畜產品，包括糧食、蔬菜、肉類、水果的生產週期都是一年。以農產品、畜產品為原料再加工的產品生產週期幾乎也可視為一年。古時候北方大部分地區在冬季時幾乎會停止一切生產性活動，南方地區的生產活動也會大幅度減少，在隆冬、春節來臨時幾乎所有行業都會停止生產活動。在農業時代，以年度為基本時間單位來規劃我們的生產生活是和生產的性質一致的，所謂一年之計在於春。我們不能剛好提前一年就規劃好我們的生產生活，在時間上就來不及了。儘管從長期來看農業生產有週期性，我們需要保持適當的糧食儲備，某些時代我們也得從事一些長期的勞動如興修水利等活動，但經驗告訴我們，在農業時代

以年度來規劃我們的生產生活是足夠的。

在農業時代，單位時間收入是由農業生產條件、生產效率決定的，而我們每年需要生產多少產品則取決於我們的消費需求，這種消費決策也決定著我們每年的勞動時間。只是在農業時代，生產效率的改變是緩慢的，我們的調整也是緩慢的。農業生產以年為生產週期性的性質，使人們養成了以年度為週期來權衡自己經濟生活的習慣。除了極少數長途商業販運者之外，多數外出的商人都習慣回鄉過年。在年終時，商人之間會盡力結清彼此之間的債務。所有國家政府財政收入和開支計劃也以年度來規劃。但在現代社會，對許多國家來說，平均商品生產週期早就超過了一年。

幾乎所有的現代工業生產活動其生產週期都長於一年，如許多工業企業、礦山、鐵路、港口等，其生產週期甚至長達數十年。如果僅僅只在一年內來考慮問題，那麼這些經濟活動都不值得開展。只有在一個生產週期結束后，我們才能知道這些經濟活動的效益。但是，我們又需要在一個經濟循環之初就考慮好我們的生產生活，不在這麼早的時間考慮問題，在生產安排上就來不及了。在農業時代一年之計在於春足可讓我們安排好生產生活，在工業時代我們又需要提前多少年安排好我們的生產生活呢？

在任何情況下，我們當前的消費品都只能是上一生產週期的產出物。我們的需求變了，我們的消費決策變了，我們

会立即調整生產，但我們仍必須等到當前生產週期結束后才能開始新的消費循環。孤島上的魯濱孫在島上人口增加後決定開墾更多的土地以增產糧食，這種消費決策需等到下一生產週期結束才能見效。由於魯濱孫所在的孤島位於糧食可多季種植的熱帶地區，這一時間只有數月。因此消費決策影響收入，影響的是下一生產週期的收入。生產週期越短，生產的調整越容易。

在現實生活中，消費者的許多消費行為，如消費信貸、儲蓄、養老，已不再是以年為單位而是以更長時間甚至一生來考慮。在生產活動尤其是投資活動中，我們如果僅僅立足於一年來考慮問題，多數投資活動都無法開展起來。儘管如此，在現代社會，年收入代表總收入仍然是一種主流的現象，或許只代表一種習慣、傳統，或許也在於，在現代社會我們的許多生產活動包括第一產業和相當比重的第三產業的生產週期仍為一年或小於一年，生產的性質決定了以年度來規劃仍是合理的。有時企業和國家會制定一些長遠的發展規劃，如三年、四年、五年甚至十年的長期發展規劃，但真正有效、確定性較強的計劃仍然是年度計劃。作為消費者，我們的一些消費，如使用消費貸的耐用品消費，超越了年度範圍，但我們的消費仍是一年一年決定並隨經濟情況的變化而調整的。

最長的總收入對應的時間是一生，這就是生命週期理論的觀點，是站在整個人一生的角度來思考消費行為的。這種

考慮的出發點仍然是當前的生產力水平，是當前我們勞動每一小時能獲得的收入。在我們年輕的時候，在剛邁入職場的時候，就根據我們一生的消費需求來安排我們的收支。數十年時光在人類歷史上雖然極其短暫，但對於消費者來說，以如此之長的時間跨度來安排自己的生產生活總是顯得漫長了點，顯得縹緲了點。

§2.3 強迫儲蓄和消費不充分

儲蓄是收入和支出的差額，儲蓄的多種意義。在月薪制和年薪制條件下，消費支出之和只在很少時候恰好等於總收入。強迫儲蓄和消費不充分。

最早的儲蓄或許可以理解為儲藏，理解為直接的消費品儲藏。在農業生產中，我們每年的收穫物至少得滿足未來一年的消費之需，但這種水平的儲藏不被視為儲蓄，只有超出一年消費需求的儲藏才被視為儲蓄。在現代社會，儲蓄是指投資，是指資產的累積。但投資本質上又只是一種長週期的生產活動，我們對工業品的需求性質和工業生產本身的性質將決定儲蓄的規模。儲蓄也可理解為在一年中我們累積的有待折舊的資產。

最簡單意義上的儲蓄僅僅是指，在一個時期內人們收入

和支出的差額，習慣上指一年中人們收入和支出的差額，這種差額往往以貨幣來表達。儲蓄之變動有多種原因，有貨幣數量的變動、消費的變動、儲藏物或庫存的變動以及資產的累積。人們不是將一年的收入全部花掉，而是將一部分作為積蓄存起來有著不同的經濟理由。

在任何情況下都有許多因素是我們無法充分預計的，我們會有許多意想不到的需求。為了滿足這種不虞之需，適當的儲蓄顯然是必要的。不管是在農業時代還是在現代工業社會，在沒有任何未來預期消費需求的情況下，許多人都會保有一定的積蓄以應對不虞之需，月光族並不代表多數消費者的行為特點。儲蓄的第一種含義是指應對不虞之需的儲蓄，這種儲蓄要求的是實物儲藏或商品庫存。

工業生產有著漫長的生產週期，工業品也有漫長的使用期。在這些工業品生產和消費決策中，僅僅以年度來進行消費決策顯然是不合理的。對於價格高昂的耐用消費品，消費者不得不以若干年的積蓄來購置，在購買后也能使用若干年。儲蓄購物和消費信貸，體現的都是這種跨年度的消費行為。這種儲蓄是一種消費性儲蓄，是有預期目標的行為，適應的是長週期生產活動的需要。

從消費者角度來看，應對不虞之需的儲蓄和消費性儲蓄是儲蓄的主要來源。這兩種儲蓄構成了生產中的投資，是生產中投資的來源。

在上述兩種主要儲蓄形式之外，是否存在其他儲蓄形式？強迫儲蓄是對消費者行為的一種描述，大於長期均衡中充分就業狀態下之儲蓄量，謂之有強迫儲蓄①。更早的強迫儲蓄概念則和貨幣數量相聯繫。

在消費品市場狀況不變的情況下，貨幣數量的增長或收入增長並不導致消費同比例的增長，在消費增加幅度小於收入增加幅度時，需要減少勞動時間。但在月薪制和年薪制下，減少勞動時間不可行，人們就只好增加儲蓄了，這或許就是所謂的強迫儲蓄吧。

無論怎樣儲蓄，總可理解為年收入和支出的差額，這種差額可以為零，也可以大於零或小於零。假如消費者單位時間收入為 r，消費品市場有 n 種商品，各種商品需求關係如下：

$$Q_i = -\frac{K_i}{r}P_i + b_i, \quad i = 1 \sim n$$

則消費者總支出為：$C = \sum_{i=1}^{n} P_i Q_i = \sum_{i=1}^{n} -\frac{K_i}{r}P_i^2 + b_i P_i$

同時由於受工時的影響，消費者每年的勞動時間是一定的。假如每年勞動時間為 T，則其年收入為 rT。當消費支出小於收入，且儲蓄大於應對不虞之需的儲蓄和消費性儲蓄時，則存在強迫儲蓄。反之當消費支出大於收入時，我們謂之有

---

① 凱恩斯. 就業利息和貨幣通論 [M]. 北京：商務印書館，1997.

消費不充分。

在月薪制和年薪制條件下,消費支出之和恰好等於消費者的總收入即年收入的情況是很少的。即使我們可以假定工時之制定符合大多數人對工作時間的要求,但在收入水平無限多樣的情況下,都會有相當的人群的收入和支出是不等的。這時儲蓄將發生調節作用,強迫儲蓄和消費不充分現象是存在的。

強迫儲蓄之存在,意味著僅僅只是滿足目前的消費水平,滿足目前消費品結構和價格水平下的消費需求,不需要我們每年工作那麼長時間。在消費品種類稀少、奢侈品價格居高不下,而我們又存在相當的無效投資時,人們的儲蓄就有著較為強烈的強迫儲蓄色彩。在原有消費品需求不再增長或增長緩慢,消費品生產成本也不增加,消費者增加的收入只有少量轉化為原消費品支出時,強迫儲蓄難以避免。消費不充分現象則是指消費者願意接受現有的工資水平而提供更多勞動,却因為資本累積不足或土地供應不足,無法勞動自己希望的勞動時間。

§2.4 工時問題、工資剛性和工時剛性

工時的性質,早期的工時和工時立法。工時僅僅是一種

消費現象。但人們在潛意識中要麼把它當作一種習慣、傳統，要麼就把它當作一種法律。

各種農業勞動，包括種植業、畜牧業、狩獵、捕魚等生產活動，都有很強的季節性，生產勞動必須在比較短的時間內完成。那時的手工業勞動，包括農產品的再加工和生產工具的製作、維修，也有很強的季節性。在這種環境下人們養成了按時勞動的習慣，在人們生活中工時不是一個問題，不是一種選項。各地自然環境和生產條件的差異以及在收穫物中生產者享有的份額影響著各地人們生活水平的高低，影響著各地人民勞動的繁重程度。但這種影響往往長期不變，這時工時主要以各種習俗和傳統的面貌出現，所謂七月流火、九月授衣等。

日出而作、日落而息。但在北方地區這樣的場景只可能是農忙季節的勞動場景，是農忙季節歡樂的勞動場景。在收穫后的時間裡、在漫長的冬季，休閒娛樂必然是人們打發時光的主要方式。

工時制度中的節假日安排主要和地球氣候的週期性和農業生產的季節性相聯繫。人們習慣在某些時節舉辦活動歡迎新的季節到來，也習慣在節假日休閒。在中國商朝制定的農曆中，將一個月劃分為4周，大月中有兩週是7天，兩週是8天，小月中有三周是7天，一週是8天。到漢武帝時期，這樣的週期被定為工作日、休息日的依據。我們現在賴以制

定工作日和休息日的星期概念起源於古巴比倫。在現代，除了法定節假日安排外，周工作時間是工時制度的主要內容。

我們已無從考證古代中國手工業、零售商業活動中人們勞動時間是多少，是長於八小時還是低於八小時，這些行業中人們勞動時間和農業生產中人們普遍的勞動時間相比又有多大區別，那時還沒有精確的計時工具。我們只能猜想古代社會各行業中的雇傭勞動和自給自足情況下人們的勞動不會有太大差異。比如農業雇傭勞動中雇主對受雇人的勞動要求不會和農民自己耕種自己的土地時的勞動有什麼差異。工作時間不管是長還是短，在農業時代工時都主要表現為習慣和傳統。

工業生產的出現，機器生產的出現打破了生產的季節性，生產變成了一種連續性生產。尤其是到了現代，一些工業生產領域還不得不採用24小時連續生產的方式。在這樣的生產活動中，工時問題就成為一個突出的社會問題。在工業時代初期，包括中國清朝末期和民國初期，在工業生產領域勞動時間過長都是一個突出的社會問題，包身工是其中的典型代表。工人待遇惡劣的標誌並不是工資低下，而是其漫長的工時。工時也不再僅僅是個人問題、企業問題，而是大眾問題、社會問題。在現代，工時制度更是一種法律存在。不管企業在生產性質有多大差異，是24小時連續生產還是需要在週末和節假日繼續經營，工時都會受到國家法定工時的影響。工

時和工資成了勞動者選擇職業時需要首先考慮的問題。

在職業體育領域，球隊、教練、運動員都有追求最好成績的願望。要追求短期內的最好成績，服用興奮劑是最好的辦法。要使每個運動員在其職業生涯中取得最好的成績，每天的訓練時間多少、強度如何、比賽頻次如何，存在最佳的搭配，訓練時間過長或過短、比賽頻次過多或過少等等都不利於每個球員也不利於整個球隊取得最佳成績。這一最佳時間不但存在，而且現代體育科學對此還搞得比較清楚。各種不同的體育項目，存在不同的最佳訓練時間和比賽時間。

對於現代工業企業來說，如果說其擁有的勞動力資源是其資本，企業要想獲得最佳的收益，從不同的時間跨度來考慮，比如一天、一個月、一年和更長時間，人們的最佳勞動時間是不一樣的。如果只考慮一天的情況而不管第二天如何，連續勞動24小時是最佳選項。如果是以數月或者一年時間跨度來考慮，每天勞動十七八小時或許是最佳選項，這是我們已知的早期工業社會最長的勞動時間。如果是以數年時間跨度來考慮，這一時間或許會下降至十一二小時。這一時間是工業社會初期比較普遍的勞動時間。連續的長期勞動，導致睡眠時間少、缺乏休假，不但會嚴重摧殘勞動者的身體健康，勞動力的有效利用也會大打折扣。在一些對質量要求高的行業，長期連續勞動易導致事故，帶來巨大的損失。

不管在傳統農業社會還是在現代工業社會，生產從屬於

消費的性質、消費需求規律存在的事實，都決定了我們每年的勞動時間是由我們的消費需求和生產條件決定的，是一種消費現象。但在農業社會，這種性質深深隱藏在習慣、傳統乃至文化之中，而在現代工業社會，工時則是以國家法律的面目出現。我們不必過於強調少數生產領域較長的實際工作時間對工時制度的侵蝕，工時制度一旦成為社會制度層面的規定，成為大眾遵守的規定，在工業生產中通過延長勞動時間獲取更高利潤的行為就受到了限制。經濟發展的動力更多來自於生產技術和管理技術的進步。我們很難將工時制度視為企業基於某種時間跨度做出的獲取最大收益的選擇。工時是一種消費現象的性質，總會以這樣那樣的形式體現其存在。

工時剛性和工資剛性。和工資剛性相比，工時剛性是一種強大得多的力量。失業產生原因的一種解釋，工時調整在就業問題中的作用

在現代經濟生活中，有無數的生產崗位和無數的職業種類。各種崗位、各種職業之間收入水平千差萬別。但多數崗位、多數職業就業者的實際工作時間往往是一致的，是和法定工時基本一致的。一些特殊職業領域，比如出租車司機職業和教師職業，長期有著比法定工時更長或更短的實際勞動時間，但這種差異往往是長期穩定的。在大多數職業領域，員工都不能自由調整自己的工作時間，這就是現代社會的工時剛性。

從某種意義上講，企業和職工簽訂協議，規定較法定工時多或少的勞動時間是當事人的自由經濟選擇權。但社會實踐的結果是早在19世紀后期，人們就擯棄了將勞動時間視為一種自由經濟選擇權的觀念，法定工時制度廣泛建立起來了。

和工資剛性相比，工時剛性是一種強大得多的力量。工資在最低工資標準之上往往有很大的變化幅度，儘管每個人都不願接受工資的下降，但現實經濟生活中人們工資的巨大差異足以使我們將工資視為一個可變動的量。工時則不然，從現實經濟生活來看，每個人的具體工作時間的變化範圍是非常小的。一個國家經濟越是發展，市場越是規範，工時剛性就越強。在現實生活中，我們即使把加班、兼職等現象考慮進來，人們勞動時間的差距相對收入而言也幾乎是可以忽略的。

在農業時代，隨著生產技術的發展，人們會隨時調整自己的勞動時間，有時會產生大量的農業剩余勞動力。在工業時代，工時剛性使人們失去了隨時調整工作時間的可能。

勞動力市場化造成的結果之一是企業總是根據生產的實際需要雇傭員工，不會長期存在多余人員。就業者也需按法定工時規定進行勞動。我們忽略人們收入的差距，認為每個人的收入是和實際勞動時間直接掛勾的。我們也忽略技術進步的影響，認為每個行業所有企業都掌握了最新技術和管理手段，各企業利潤為零，資金利息也為零。沒有新增投資，

只有重置投資，重置投資僅僅以折舊的形式計入生產成本。在這樣一種環境中，在充分就業條件下，我們可以預期人們需要的平均勞動時間是由消費品種類和生產技術條件共同決定的。這一時間平均分攤到每一天，肯定小於 24 小時。那麼是 8 小時還是 10 小時？這是由經濟環境決定的，不是一成不變的。

在正常的情況下法定工時是能得到大多數人認同的，在這種情況下，生產能力和勞動力供給既不存在嚴重的過剩，也不存在嚴重的短缺。當法定工時略短於消費需求決定的勞動時間時，勞動力將持續短缺。在法定工時較消費需求決定的勞動時間略長的時候，則會存在或多或少的失業，因為我們需要的總勞動時間就那麼多。投資因素及收入分配差距因素只是改變著人們認同的勞動時間，並不改變工時剛性對失業的影響。持續的勞動力短缺和持續的勞動力過剩兩害相較取其輕，勞動力的略為過剩是更恰當的選擇。這種過剩就如同各種資源的過剩、生產能力的過剩一樣，更有利於經濟發展。

從長期來看，從生產技術的不斷發展來看，在許多時候我們要實現充分就業，最根本的措施就只能是工時調整了。自從工業革命以來，人們的就業時間已經大大縮短了，並且這一趨勢還在繼續。我們不難設想，假如西方國家勞動時間仍為十多小時且沒有休假時間，那麼失業狀況必然會嚴重

得多。

　　在特定的時候，工時調整是消除失業的唯一的和根本的辦法，也是社會有著強大生產能力又面臨嚴重失業時的最終選擇。但這也是最難以實施的措施，勞動時間的減少具有社會性，個別企業減少勞動時間是困難的，而社會要普遍地減少勞動時間、縮短工時，需要國家以立法形式予以確定。減少勞動時間、縮短工時是一個長期累積的過程，必須在社會生產力充分發展后才能實施，並不能頻繁使用。社會勞動時間不是一個小時一個小時地減少（年勞動時間），而是一次減少若干小時。比如在1994年和1995年中國法定勞動時間減少了兩次，每次約兩百小時。有時人們更傾向增加年休時間而不是減少每天工作時間，因為每天連續勞動時間過短會影響生產效率。但任何勞動時間的減少都需要經濟的充分發展，這一過程或許數十年，或許上百年。這一措施更不適合於消除由於經濟週期導致的失業。勞動時間幾乎是單方面減少而沒有增加。

3 貨幣需求

§3.1 延期支付，貨幣的信用性質

最早的貨幣，貨幣職能：延期支付，貨幣的信用性質。貨幣是一種無需履約的信用。

最早的貨幣是什麼？最早的貨幣不是糧食、綿羊、牛、食鹽、菸草等一般等價物，更不是貴金屬貨幣。一般等價物出現在商品經濟初具規模的時代，而在此之前更為漫長的時代的生產生活的性質決定了物物交換不可能是唯一的甚至也不可能是主要的交換形式。在協作勞動中，各種勞動的互換是一種延期交易，大多數物品交易也只能是一種延期交易。在人類累積起用作交易媒介的一般等價物和貴金屬貨幣之前，產品交換還經歷了更長的「信用貨幣」時期。在這一時期，

產品交易媒介是口頭約定、慣例、證人、借據等交易憑據。這些「信用貨幣」中的高級形態就如同古巴比倫人的陶籌。

在一般等價物和貴金屬貨幣出現以後，這些信用形式一直都程度不同地存在著。如果單純從交易量來講，這些信用形式甚至還扮演著主要的信用職能。在中國內地和一些偏遠地區，這些信用形式一直延續到數十年前，如農村曾普遍存在的勞動互換和「白條」現象等。貨幣信用取代其他信用占據信用主導地位的歷史非常之短。

物物交換最大的困難不是甲需要乙的產品，乙需要丙的產品，丙需要甲的產品帶來的困擾，而是作為一種即時交易的物物交換滿足不了經濟活動中廣泛存在的延期交易的需要。生產週期、生產季節、保質期各不相同的產品要實現交換，其前提條件是交易雙方都要有等值的剩餘產品累積且能儲藏到交易之時。在沒有延期支付手段、沒有延期交易約定時，即使生產力發展到了可生產足夠剩餘產品的程度，交易也無法實現。比如一個蔬菜種植者要以蔬菜去交換一臺價值多年蔬菜產出的農業機械，幾乎就是一件不可能的事。蔬菜種植者是無法靠積存多年的蔬菜來交換農業機械的，因為蔬菜不會有那樣長的保質期。在現代社會，一個國家向另一個國家一次性出售軍火換回農產品、礦產品時，往往也只能要求對方逐年輸出農產品、礦產品來抵償。

先以信用手段而非一般等價物或貴金屬作為交易媒介的

原因是初期的產品交換活動是在生產力更為低下的時候產生的，在這個時代剩余產品極少，物質更為匱乏。即使到了比較發達的農業時代，產品交換也常常依賴信用而非貨幣進行。在這種交易中，雙方都不必保留用作流通的一般等價物和貴金屬貨幣，其交易成本最低。物質的匱乏和交易風險的可控促使人們選擇這種交易形式。維繫這種信用有效性的手段是傳統社會對違約的懲罰。在交易中只要沒有詐欺行為、交易雙方對交易內容有清楚瞭解，交易后產品價格變化而反悔不但得不到任何同情，反而會受到嚴厲懲罰。越是傳統的地區，越是民風淳樸的地區，對交易中的違約處罰越重，這種處罰在現在的人們看來是野蠻的。

　　隨著經濟的發展，產品交換的範圍擴大了。交換品種增加了，交易過程延長了，地域已遠遠超出了參與者熟悉的地理範圍，參與者中甚至包括許多互不瞭解、互不信任，甚至抱有偏見和敵意的部落、族群。在這樣的交換中靠對違約的懲罰來維繫信用已不再有效了，一般等價物和貴金屬貨幣就出現了。我們無法想像一個牧區的商人來到中原地區，或者是紅毛國的商人來到中國，可以靠經濟合同等信用來進行交易。即便這種合同在牧區、在紅毛國能得到法律的認可，但其維權的成本也極高，難道我們願意為了一紙合同到紅毛國打官司？

　　借助一般等價物尤其是貴金屬貨幣，互不信任、互不瞭

解，甚至互相猜疑、互相敵對的人們之間實現了延期交易。

　　無論是在傳統農業社會的中國，還是在工業化前期的西歐國家內部，如果僅從占交易量的比例來看，其他信用形式，包括票據，都承擔著更大的信用職能。只有在國家間貿易中、在遠洋貿易中，貴金屬才承擔著主要的信用職能。這種交換活動在整個人類交換活動中雖然只占據較小的比例，但却是最引人注目的交換活動。

　　在物物交換中，交換雙方都希望得到自己需要的產品。而在延期交易中，總有一方只能在一定時間後得到自己需要的產品。通過交換得到自己需要的產品而非其他，是所有交換活動的根本驅動力。人們認同貨幣不過是因為通過貨幣在需要時可以隨時換來自己需要的產品，因此具備延期支付職能是貨幣之為貨幣基本的條件，在此前提下貨幣作為支付手段、交易媒介才能成立。顯然糧食、牛、綿羊、鹽、菸草及貴金屬在其充當貨幣的年代都符合這一要求。在交易中尤其是延期交易中最重要的是什麼？是信用，是延期支付職能，沒有這種信用，延期交易是不會發生的。

　　思考一下現代國家間換貨協定，尤其是雙邊長期的一籃子換貨協定實施情況有助於我們理解信用缺失對經濟活動的傷害。我們有理由相信，這種協定是基於互利原則，經過雙方充分、平等協商才簽訂的，在簽署協議時雙方已經充分評估了交易的利弊和風險。但就是這樣簽訂的協定，最終順利

實施的情況也是罕見的，終止協議的情況却屢見不鮮。除了惡意毀約，還有諸多因素導致某一方甚至雙方都失去履約的能力，而這些因素並不能納入不可抗力範疇。在協定終止的時候，人們往往更為關注毀約對某一方帶來的好處並由此加以指責，但雙方既然願意簽署協議，那麼終止協議其實是雙方都不願看到的結果，對雙方利益都是一種傷害。

因為這種交易中存在的巨大風險，現代國家間都盡量避免簽署這樣的協議。即使簽署貿易協議，也以中短期換貨協議和貨幣化供貨協議為主。通過貨幣，交易雙方的關注點就集中在交易的貨物上，只關注一方的貨物性能和價格變動的風險，其交易重複程度降低了一半，風險降低了一半。在國際貿易中，為了減少交易的風險，商人放棄了更有利可圖的換貨貿易而採取了單邊購貨或單邊售貨的交易行為。在來往各國的遠洋船舶中，每艘船往返時都滿載貨物，但往返時貨船中貨主不是同一個人，進口貨是進口商的，出口貨是出口商的。

在農業時代簽訂為期數年甚至數十年固定比例的農產品和畜牧產品的交換協議並不會使交易雙方感覺有很大的風險，但在現代社會簽訂為期一兩年甚至數月固定比例的換貨協定都會使交易雙方感覺到極大的風險。這種風險之大，已使得專門化解這種風險的期貨成為一種合理的產業。

在貨幣化交易中當然也存在風險，有商品價格變動的風

險，有貨幣價格變動的風險，因此偶爾會有交易一方「鬧事」的現象。但傳統習俗認同一手交錢一手交貨之後，交易就結束了，此后的風險就由交易雙方各自承擔了。一般認為貨幣價格較之商品價格的變動要小得多，有時本質是由貨幣因素引起的貨幣價格的大幅度變動往往也被視為是商品價格變動而非貨幣價格變動，貨幣價格變動的風險是被人們忽略或者接受的。人們在討論貨幣職能時，都會強調貨幣信用的重要性，貨幣信用其實就是貨幣的延期支付職能。在商品交易中支付貨幣的一方是以貨幣形式預支了「約定」，但收到貨幣的一方不再擔心對方是否會履約，因為對方已經履約了，貨幣就是一種無需履約的信用。

交易主要發生在互不瞭解、互不信任甚至抱有敵意的個體之間、群體之間、國家之間的事實決定了貨幣本身必須具備某種實用價值或數量的穩定性。

交易主要發生在互不瞭解、互不信任甚至抱有敵意的個人之間、群體之間、國家之間這一事實是容易被忽略的，有許多人甚至本能地拒絕這種觀念。作為個體，我們每個人一生中生產的產品在整個社會產品中是微不足道的，我們信任、熟悉、甚至僅僅有一面之緣的人和我們一生中消費的產品生產者的數量相比也是微不足道的。我們消費的產品可能來自非洲、美洲、歐洲、大洋洲，其生產者有白人、黑人、黃種人。所有這些產品都是我們以自己的產品交換而來，但對幾

乎所有交易對象，我們是一無所知的。

　　在人類歷史的早期，我們也不能假設交易主要發生在友好的人們之間。因為在那樣的時代，人類活動範圍比現在要小得多，相互之間更缺乏瞭解、信任。但這些並不阻礙各地區之間產品的交換。張騫通西域時在大夏國見到蜀地邛崍出產的物品，據說這些物品是當地商人由印度輾轉運去的，這種物品流通實難和國家間的友好攀上關係。從伊稚斜喜漢物的事實我們可以想像就是在漢匈對抗的年代，雙方除了徵戰外，一定還有著貿易的往來。在明清時期，中國和歐洲國家間有著長達幾個世紀的自由貿易。這種貿易同樣不是基於雙方的相互瞭解、相互信任，恰好相反，互不瞭解、互不信任才是主流。

　　在直接的戰爭對抗年代，戰爭雙方的商品交換會大大減少甚至終止，因此人們傾向認為交換主要是發生在友好的人們之間。有著大量生意往來的商人之間會相互視為朋友，有著大量貿易往來的國家最低限度也會互視為利益攸關方。有著大量貿易往來的雙方採取各種措施維繫雙方的友好是很自然的事情，但把這種友好關係理解為正常關係或普通關係更為恰當。維繫這種友好關係的措施不是友好本身、不是援助，而是互利原則，互利關係就是友好關係。

　　由於交易雙方的互不信任和敵意，最可靠的交換手段是物物交換，這也是迄今為止延續時間最長的產品交換形式。

在很長的歷史時期，貨幣都只是商品交易的輔助工具，物物交換仍是最主要的交易。在高風險高投資且耗時漫長的遠洋貿易中，直接的物物交換較單純地付出金銀換回貨物，或輸出貨物換來金銀的交易帶來的收益或許更高。這種貿易不但降低了交易成本，更能實現「人棄我取，人取我與」。但在這樣的貿易中挑選貨物是件極具風險的事情，具有商業眼光的貿易商會很快致富，反之則會傾家蕩產。直至美洲金銀的大規模開採之后，金銀這一一般等價物才成為貿易的主要支付手段。

越是往前的年代，「貨幣」的實用性越強。即便到了鑄幣時代，無論是金、銀，還是銅，在遠洋貿易中鑄幣的貨幣價值比其實物價值也高不了多少。在貴金屬貨幣時代，熔鑄貨幣製作實用器物是很普通的事情。超越國境流通的鑄幣，比如中國的銅幣、古波斯的金幣以及美洲的銀幣，都只能以其實物價值變現。

在現代國際貿易中，起貨幣作用的已不是黃金和白銀，而是一些信用性質的「硬通貨」，這種貨幣的信用其實是一種國家信用。在這種貨幣制度下，貨幣的信用性質、貨幣的延期支付職能仍是硬通貨之為硬通貨的基本前提。硬通貨的歷史表明，只有那些經濟總量較大、信用相對穩定的貨幣才能成為硬通貨。這些貨幣的含金量主要是由貨幣在發行國的購買力決定，當超越國境在其他國家之間流通時，其含金量

參考的也是貨幣發行國的物價水平。

當貨幣超越各種財富形式而成為無擔保的紙幣的時候，貨幣的一些基本職能，如儲藏手段、價值尺度等，就已經消失了。

在一般等價物如糧食、綿羊、食鹽、菸草等充當貨幣的時代，貨幣的信用和貨幣本身的價值有很強的相關性，貨幣的自身價值也決定了貨幣具有更多的職能，如價值尺度和儲藏功能。歷史上中國曾在較長時期以糧食作為官員的俸祿，雖歷經上千年，但我們仍能根據當時官員俸祿多少猜想當時各級官吏的富裕程度，推測其生活狀況，這是貨幣的價值尺度。儲藏貨幣時除了實實在在地增加貨幣的生產外，比如增產糧食、增產食鹽、菸草，別無他途。在一般等價物作為貨幣的時代，我們可以確信積攢的貨幣可以為持有者未來的生活提供預期的保障，這是貨幣的儲藏職能。

在信用貨幣時代，貨幣數量已失去了意義，要累積貨幣數量我們甚至不需要提高貨幣印刷能力，只需在印製的紙幣上不停地加零就可以了。在這樣的貨幣制度下，某件商品的貨幣價格已難以表達其真實價格了。我們要想通過價格來判斷某種商品的生產成本，就必須瞭解這種價格是哪種貨幣、哪個時代的價格，貨幣的價值尺度消失了。在信用貨幣時代，我們要累積貨幣是再簡單不過的事情，但除非貨幣完全依據經濟活動的需要，依據新增經濟活動發行貨幣，嚴格控制通

貨膨脹，貨幣數量的增加沒有任何意義。面對信用貨幣制度下普遍的通貨膨脹，我們不能不說貨幣的一些職能消失了，如儲藏手段、價值尺度等都消失了。貨幣也越來越體現出其唯一的最本質的功效：提供信用，提供延期支付手段。

§3.2　貨幣數量變動的影響，通貨緊縮和通貨膨脹

貨幣無關乎經濟活動的觀點只有在貨幣計量單位的調整中才能觀察到。短期內貨幣數量急遽變動的影響。

在古典經濟理論中，貨幣在本質上是微不足道的觀念被人們淡忘了，這是因為在現實經濟生活中每一次貨幣政策的變化都會引起經濟生活的變化，哪怕這種變化只是短期的變化，哪怕這種變化只是滯漲。貨幣無關乎經濟發展的觀點在現實經濟生活中只能在純粹的貨幣計量單位調整中才能觀察到。

在中國20世紀40年代發生的惡性通貨膨脹最終導致了貨幣的崩潰，這種崩潰給我們帶來的主要教訓之一是在貨幣計量單位太大以後會有許多人因不能正確拼讀、理解上億的貨幣數字而放棄使用貨幣。受這種大面額貨幣的影響，20世紀50年代初期人民幣計量單位也比較大，為此中國在20世

紀50年代將人民幣計量單位由萬元改為了元。這種貨幣改革如果可以稱為通縮的話，那麼這樣的通縮可能是人類有史以來最嚴重的通縮。假如在這一貨幣改革中，人們只想到將現金、商品價格、資產價格、工資收入等都自動去掉四個零，但忘掉了將債權債務的計量單位也由萬元改為元，可以預見所有的債務人都會破產。即便負債水平很低、經營狀況良好的企業都會因少量債務而破產。至於銀行，即使存款準備金只有1%，歸還存款準備金的壓力都足以將所有銀行壓垮。哪怕只借出少量貨幣的人都會變得非常富有，借出一天生活所需貨幣的人現在可收回足夠27年生活所需的貨幣了。

假如未來哪天我們為了提高人民收入水平又想將人民幣計量單位由元改回萬元，同樣也忘掉將債權債務的計量單位由元改為萬元，我們會發現所有的債務人一夜之間都沒有了債務，而債權人則會發現自己一貧如洗了。越是惡性擴張、瀕臨倒閉的投資人以及投入天量資金購買「鬱金香」已注定破產的投資者會突然發現自己成了世界上最幸運、最富有的人了。其餘的人，包括「理性投資」、經營良好的企業家，都會發現自己變得相對更貧窮了。

惡性通縮將杜絕任何投資行為，窖藏貨幣才是唯一出路。惡性通脹則會助長瘋狂的欠債風氣。

如果貨幣數量的增加和減少都像這種貨幣改革一樣同等地影響經濟生活的方方面面，那麼貨幣無關乎經濟增長的觀

念就得到了驗證。但真實的貨幣數量變動完全不是這樣的。有時純粹貨幣計量單位的調整也會產生意想不到的后果，比如僅僅限制個人新幣和舊幣的兌換額就會產生很嚴重的經濟后果。

通貨緊縮和通貨膨脹可以看作某種意義上不完整的貨幣計量單位的改革。在債務或貨幣借貸關係中，我們是不會考慮通貨膨脹和通貨緊縮這一因素的。在商品市場，需求彈性小的商品價格會得到迅速調整，而需求彈性大的商品價格則不易得到調整。在資本品市場，資產價格在貨幣增加時會迅速上升，在減少時則快速下降。在勞動力市場，工資水平，無論是應對通縮還是通脹，都會嚴重滯后。

即使是輕微的通貨膨脹，比如3%的通貨膨脹，長期實施都會產生很嚴重的經濟后果。其后果之一就是我們需要不停地調整貨幣計量單位。在貴金屬貨幣時代，無論社會經濟有了怎樣的發展，以貨幣表現的收入水平都不會有太大的變化，因為貴金屬總量就那麼多。但在信用貨幣條件下，即使經濟沒有什麼發展甚至倒退，我們的貨幣收入也能得到很大的提高。

以年薪10萬元為基點，年通脹率3%，收入增長3%，合計6%計算，50年后年薪將達到184萬元，100年后達到3,393萬元，200年后達到近115億元。如果通脹水平和經濟增長再各提高1個百分點，則100年后我們的年薪會達到

2.2 億元，200 年后是 4,839 億元。如果早期的英鎊、美元不是金本位貨幣而是一種信用貨幣，則這樣的天文數字是可以見到的。在第一次世界大戰后的德國，在中國 20 世紀 40 年代，在現代的津巴布韋，我們看到了這樣的數字。這樣的天文數字帶給我們的不是財富的增長，帶給商品流通的不是便利而是困擾。因此對使用信用貨幣的國家來說，貨幣計量單位的調整或許會成為家常便飯，習慣上我們需要使基本貨幣單位，比如一元人民幣、一馬克、一法郎、一英鎊、一美元等貨幣，有實際交換價值。

輕微的通脹最有利於經濟的發展。和通貨膨脹是現代社會的頑疾不同，在貴金屬作為貨幣的年代，通縮是人類面臨的最大困擾。

最初，通貨緊縮和通貨膨脹指的是一個經濟體貨幣數量的絕對減少和絕對增加引起的經濟現象。在貴金屬貨幣條件下，只有在貴金屬大規模開採時期和貴金屬大規模流進、流出時期，貨幣數量才會有足以引起通縮或通脹的變動。在現代銀行制度建立起來以后，通貨緊縮和通貨膨脹不但受基礎貨幣數量變動的影響，更受銀行貨幣流通加速效應或貨幣乘數的影響。進入信用貨幣時代后，最顯著的變化是純粹貨幣數量減少引起的通貨緊縮幾乎消失了。

通常的觀點認為輕微的通脹最有利於經濟發展，那麼反過來通縮，包括輕微的通縮就不利於經濟發展了。貴金屬貨

幣的歷史展現的又是怎樣的情景？和通貨膨脹是現代社會的頑疾不同，在貴金屬作為貨幣的年代，通縮是人們面臨的最大困擾。以數十年上百年為觀察期，我們會發現許多經濟體的貴金屬總量幾乎是不變的。在美洲金銀大規模開採時期，一百年時間內金銀累計產量也只比初期存量增加了三四倍，折算為年增長率約為1.5%。較之今天貨幣數量在幾年、幾十年時間內數十倍上百倍的增長，其增長根本就不算增長。白銀、黃金在工業領域、裝飾品領域都有著許多用途，再加上流通過程中損耗、陪葬、遺失等因素，貴金屬的總量在很多時候甚至是下降的。

金、銀等貴金屬貨幣應用的歷史表明，貨幣數量並非經濟發展的桎梏，貨幣數量的增長既非經濟發展的必要條件，更非充分條件。在貨幣數量一定時可以通過商品價格、資產價格的貶值，通過貨幣漲價來滿足經濟活動對貨幣的需求。

但在經濟高速發展時期，有限的貨幣數量需要商品價格、資產價格作出頻繁的調整。經濟的每一次高速發展都必然要求商品價格和資產價格的調整，完成這種調整后新的發展才會到來。這種調整就是經濟危機了。經濟發展越快，這種調整就越頻繁。我們看到，這種現象最典型、發生頻率最高的國家就是工業革命后發展最成功的英國。

猜想一下金本位制度下中國改革開放后的經濟發展情景是有意思的事情。在中華人民共和國建立後直至改革開放前，

除了大躍進期間短暫的通貨膨脹外，中國經歷了數十年幾乎無通脹的時代。我們沒有理由認為在此期間經濟就沒有發展，當然，解放牌汽車三十年一貫制也是我們付出的代價。那個時代的貨幣甚至比金本位制度下的貨幣還要值錢。繼續這樣的貨幣制度，保持改革開放初期的貨幣數量不變，中國經濟會呈現怎樣的狀況？首先，我們可以想像我們的名義貨幣收入幾乎不會增長，甚至還會略有下降，因為人口數量增長了，人均名義貨幣收入或許不足現在的1/100。人民幣將會快速升值，金融創新也會被早早地提上日程。我們每個人在銀行中只會有很少的存款，不過這少量的存款却可以派上大用場。其次是所有商品價格都會大幅度下降，一些商品價格會降到原來的數十分之一甚至數百分之一，降幅較低的商品價格也會下降到原來的幾分之一。糧食、肉類、布匹的價格會比改革開放之初還要低得多。為了便利商品流通，我們不會試圖發行500元、1,000元的人民幣，而是發行幾厘、幾毫的人民幣。

在貴金屬貨幣時代，缺錢而非缺乏物質財富是一種真實的貨幣現象。大航海時代歐洲國家的貴金屬饑渴症並非特例，三國時期劉備在占領成都后，縱容士兵搶劫財物，導致軍用不足，不得不發行一當百的大錢。當時巴蜀地區受戰爭破壞程度較小，其物質財富是很豐富的，發行大鈔的結果是數月之后府庫充盈。物質財富充足而缺錢，缺的是一種便利的信

用憑據，一種讓互不信任、互相猜疑的人都認同的信用憑據，這種原始的缺錢模式因現代政府對經濟生活的強勢介入和信用貨幣的有效運作已經消失了。在信用貨幣時代，再貧窮的國家都不會缺乏貨幣印刷能力。經濟發展落后而缺錢，缺的是能帶來高額利潤的生產設備、生產技術和管理技術，增加本幣的供給無法解決缺錢的問題。

在鴉片戰爭之前，林則徐曾指出鴉片貿易導致的白銀外流會導致中國最終無可用之餉、可戰之兵。在清朝晚期和民國初期，中國曾多次出現大規模的白銀外流，這種外流表現在貨幣影響上就是通貨緊縮。作為應對措施，最初可兌換的法幣彌補了白銀外流留下的信用空檔，在短期內也為經濟發展創造了良好的條件。幾乎沒有金銀儲備的人民幣則是依託糧食、棉花、布匹擊敗了白銀的信用建立起了自己的信用，這種信用在隨后的幾十年中一直良好地保持下來了。

貴金屬貨幣和信用貨幣的歷史表明，對經濟發展來說，黃金不重要，白銀不重要，但貨幣信用重要，貨幣信用是最基礎的經濟秩序的體現。貨幣只要能起到這樣的作用，那麼貨幣是什麼並不重要。在信用貨幣時代，在貨幣數量絕對下降或者說通縮已經消失得無影無蹤的時代，我們面臨的主要問題不是通縮而是通脹，因為通脹也會使我們缺失信用。

貨幣信用就是貨幣的延期支付職能，其作用是使交易雙方在延期支付期間不因貨幣因素而蒙受損失，因此貨幣的信

用不是指貨幣含金量。維繫貨幣的含金量，我們得到的是通縮的貨幣，其使用代價是高昂的。在信用貨幣條件下，我們不得不放棄貨幣含金量這一似是而非的貨幣信用指標而代之以通貨膨脹指標。

人們對通貨膨脹尤其是惡性通貨膨脹的災難性后果記憶猶新，對於工業化國家在經濟危機時期的通貨緊縮、中國白銀外流引起的通貨緊縮，人們也未曾遺忘。我們或許不得不接受一個命題，輕微的通脹最有利於經濟的發展。這或許需要從貨幣窖藏說起。在貴金屬貨幣時代，窖藏一直都是金銀的重要歸宿之一，各種經濟風險都可能引發較大規模的貨幣窖藏。這是在經濟活動最需要貨幣的時候，貨幣却往往有減少的傾向的原因。在信用貨幣情況下，貨幣窖藏是否仍然存在？窖藏貨幣當然存在，尤其在通貨緊縮的時候。只有通脹才會促使人們想盡辦法把錢用起來，因此貨幣的通脹性只要達到消除貨幣窖藏就足夠了。

貨幣政策只能解決貨幣問題，貨幣政策的唯一目標是為經濟生活提供需要的信用。

自從貴金屬貨幣包括金幣、銀幣、銅幣出現以來，錢法或貨幣政策就成了一個國家經濟政策不可或缺的內容。秦始皇統一中國后，採取的各種經濟措施中貨幣的統一是其主要內容之一。隨后，中國歷史上每一個新王朝建立后都會發行新貨幣。現代社會，許多新獨立的國家也都會發行自己的新

貨幣。但在古代社會，錢法對經濟生活的影響完全不能和現代相比。在早期，私人可以自行鑄幣，有了錢之後人們仍需要以實物納稅、服勞役，那時的貨幣只是一種輔助流通工具，方便時用，不方便時就不用。在貨幣發行上政府規定貨幣的形制、貴金屬含量，在中國是銅幣的形狀、大小，含銅、鉛的比例，在英國是貨幣的含金量。至於發行多少貨幣，就看民眾需要多少貨幣了，需要將多少貴金屬熔鑄成貨幣了。

在信用貨幣條件下，貨幣政策本身並不重複，其核心就是政府供給多少貨幣，以什麼樣的條件供給貨幣，其目標是為經濟活動提供需要的信用。但在現實經濟生活中，貨幣政策被賦予了多重職能。無疑在經濟貨幣化條件下，所有經濟現象都和貨幣有關，經濟生活有多麼重複，貨幣現象就有多麼重複。在所有的經濟政策中，貨幣政策又是最簡便的政策，如果能通過通脹尤其是輕微的通脹促進經濟發展，我們有什麼理由拒絕呢？如果沒有惡性通脹引發貨幣崩潰的警示，人們會在通脹道路上一直奔跑下去，但貨幣政策只能解決貨幣問題。

據說貨幣有替代稅收效應，但迄今為止，人類歷史上還沒哪一個國家曾經完全放棄稅收而以增發貨幣來代替稅收。據說某些小國曾以發行郵票作為國家的主要財政收入，發行貨幣自然就更有利可圖了。如果我們能通過增發貨幣來解決財政問題，那麼所有的稅收機構就應該被撤銷了。

據說通脹可以降低失業率，但顯然不同國家、不同經濟發展階段有不同的菲利普斯曲線。在只存在自願失業和結構性失業時，努力消除自願失業和結構性失業只會在各個環節堆積過剩的勞動力資源，將原有的有效就業者轉化為隱性失業。

輕微的通貨膨脹有利於經濟發展最基本的理由其實是認為通脹有利於投資，因為通貨膨脹有利於減少投資者利息支付。但投資不過是長週期生產活動產生的對資產的需求，其規模是由生產的性質決定的。只要有充分的市場競爭，銀行的利息水平也將下降到僅能抵償成本和壞帳的水平。輕微的通脹的后果往往是帶來更多的無效投資。

政府財政支付困難，要麼是稅收太少，要麼是支出太多，解決這個問題的有效手段是財政手段。經濟發展緩慢要麼是我們這個社會阻礙經濟發展的因素未有效消除，要麼是我們已發展到了現有經濟技術水平所許可的合理程度，已達到增長的極限，這是一個發展問題。就業不充分，或者是經濟發展程度不足、對勞動力資源的利用手段不足，或者就是在現有經濟技術水平下人們只需要要勞動較少時間就可滿足消費需求了，需要大家共同減少勞動時間，這是一個就業問題。

貨幣政策只能解決貨幣問題。貨幣問題不是財政問題，不是經濟發展問題，也不是就業問題，貨幣問題只能在貨幣職能中找到答案。貨幣只有在維繫其信用的前提下才能履行

其職能這一古典命題揭示了貨幣政策的核心問題是貨幣的信用問題，貨幣信用是由貨幣的延期支付職能決定的，有了這種職能，貨幣作為支付手段和交易媒介才有了基礎。只有履行了這樣的職能，貨幣也才稱之為貨幣。貨幣政策的唯一目標是為經濟生活提供需要的信用。

§3.3 貨幣自然流通狀態，商品生產週期決定貨幣流通週期

貨幣的自然流通狀態。在貨幣自然流通狀態下貨幣流通速度是緩慢的。農業時代典型的貨幣自然流通週期為一年，其貨幣平均流通週期略長於一年。

貨幣流通速度是由生產生活的性質決定的，也有的觀點認為貨幣流通速度和人們願意以貨幣形式持有的購買力有關[1]。我們又當如何理解生產生活的性質？如果我們每個人都將自己持有的美元、英鎊、法郎、日元、人民幣上的編號都記錄下來，生活在相對封閉環境中的人們時常會發現一些鈔票在一段時間后又回到了自己手中。但在繁華的都市生活中，一個人在其一生中可能都再也見不到自己花出去的某一

---

[1] 馬歇爾. 貨幣、信用和商業 [M]. 北京：商務印書館，1997.

張鈔票再次回到自己手中，回到自己手中的是其他編號的錢。這些錢呈輻射狀，從自己手中花出去后就無影無蹤了。通過追蹤一張張貨幣的蹤跡來尋找貨幣流通速度，就好比靠跟蹤空氣中的分子來尋找分子運動規律一樣，都是沒有規律可循的，但貨幣流通的布朗運動是否存在？

現代銀行制度之建立，已使得貨幣流通不但需要滿足商品流通之需，還得滿足貨幣借貸之需。貨幣流通速度不但和生產生活的性質相關，也和銀行制度相關。要想搞清楚現實經濟生活的貨幣流通，就得先搞清楚貨幣在自然流通狀態下是怎樣流通的。假如沒有錢莊、銀行、貨幣證券等東西，任何商品和勞務都需要先交給市場再在自己消費時購回，禁止物物交易（貨幣化）、禁止任何人欠錢也禁止任何人借錢給別人、禁止資產抵押、禁止預付款也禁止消費貸，所有商品和勞務交易都只能使用現金，這種現金可以是金幣、銀幣或紙幣。每個人獲得的貨幣要麼用來購買商品和勞務，要麼就只能放在家裡。這樣的貨幣流通狀態就是貨幣的自然流通狀態。

在貨幣自然流通狀態下，貨幣流通速度是緩慢的。在農業時代，典型的貨幣流通週期是一年，其貨幣平均流通週期略長於一年。農場主在收穫季節出售產品獲得貨幣，在隨后的一年中再用貨幣購買自己需要的各種生活資料、生產資料，花出去的貨幣都必須等到下一個收穫季節才能重新回到自己

手中，貨幣流通週期剛好就是一年。糧食、棉花、油料、蔬菜、某些水果生產週期是一年，家禽家畜，如豬、羊、雞、鴨的飼養週期也是一年或接近一年。以農產品為原料的手工業生產，如紡織、絲綢，其產品生產週期都可視為一年。某些手工業的生產，如冶煉業、瓷器、制鹽，尤其像四川自貢地區的井鹽生產等行業，貨幣流通週期會長於一年。

商業活動中貨幣流通週期有很大的差別。有些商業活動，如城市生活中的小商小販，其貨幣流通週期顯著小於一年。有些商業活動，如以農產品、藥材、土特產品販運為內容的商業活動，貨幣流通週期是一年，這些是由其產品生產週期決定的。少數商業活動，如遠洋貿易、囤積居奇，其貨幣流通週期則長達數年。在政府財政收支中，貨幣自然流通週期幾乎也是一年。在明清時期朝廷在發動戰爭時都需要將大量銀子運到前線充作軍餉，由軍隊購置部分軍需品，這些銀子再次流回國庫的時間恐怕還會長於一年。

在這樣的經濟生活中，以月度、季度為觀察期，我們可以發現在任何時間段都只有少量貨幣在流通、易了主，大多數貨幣在睡覺。在幾乎整個農業時代直至現代銀行制度全面建立起來之前的工業社會初期，貨幣都是以其自然流通速度流通的。

農業生產年復一年的性質使得人們養成了以年為時間單位來對自己的經濟生活進行權衡。政府是以年度來安排自己

的財政收支的，農民習慣以年產出來計算自己的經濟活動成果，商人習慣在年終時結清和其他商人的交易，債務不過年是一種慣例。即使有債務需要延期，利息也是必須支付的，借款合同也需要重新簽訂。這種習慣影響很深，一直延續到了現在。

商品生產週期決定貨幣自然流通週期。和一般印象相反，在高節奏的工業生產活動中，貨幣流通速度不是變得更快而是更慢了，因為工業品的生產週期顯著大於農產品生產週期。

在貨幣自然流通狀態下，貨幣的每一次流通都伴隨著相應的經濟活動，貨幣伴隨商品和勞務的流通反向以實物貨幣的形式流通，因此，在貨幣自然流通狀態下，商品生產週期決定了貨幣流通週期。

幾乎沒有哪種農作物的生長期剛好是一年，比如糧食、棉花、油料的生長期都只有數月。北方地區有著漫長的大雪覆蓋的冬季，南方地區農作物可以種植多季，但無論在哪個地區，從開始耕作到播種、灌溉、除草、施肥、收穫，都只有數月的時間，最長的生長期也就是半年多。

在東北地區和新疆地區，農作物種類較少，作物生長週期漫長，屬於典型的一年一季的農業生產地區。在這些地區，儘管農作物生長週期不足一年，但我們將貨幣流通週期視為一年是因為在這種生產活動中，生產者手中的貨幣只能來源

於每年的農產品銷售，間隔一年才能得到等量的補充。獲得貨幣后再將貨幣花出去還是需要一年時間，只是在此期間持幣待用的時間長短不一。有些貨幣立刻就會被花出去，有些則要數月之后才被使用，有些則幾乎要在生產者手中整整待一年的時間。

在長夏無冬的南方地區，一年四季我們都可種植作物，這些作物有些是不同種類的作物，有些是同一種作物多季種植，如水稻。如果作物生長期也不超過3個月，那麼其生產週期當然可視為3個月，貨幣流通週期也為3個月。

在商品生產週期決定貨幣流通週期的問題上，我們主要是基於作為獨立的生產者從投入資金開始生產到銷售產品獲得收入再開始新的生產這樣一個週期來思考問題的，貨幣流通週期大體上等於商品自然的生產週期加上流通週期。

和一般印象相反，在高節奏的工業生產活動中，貨幣流通速度不是變得更快而是更慢了，這是因為工業品的生產週期顯著大於農產品的生產週期。和傳統的農業社會相比，在工業社會人們感覺生產生活節奏加快了，經濟生活的變化和發展加快了，但這種快節奏並不意味著貨幣流通加速了。在農業生產中，作物的培育從神農氏時代就開始了，從開荒到土地成為熟地以及灌溉設施的建設都需要漫長的時間，哈尼人在哀牢山上開墾梯田持續了上千年。這些都不影響我們把農業生產週期視為一年，農產品的生產週期不需要追溯到那

麼遠的古代。但在工業生產中，商品生產週期却需要追溯到很遠很遠的產業鏈始端。

在早期工業社會，一些工業生產領域就已經表現出了突出的長週期性質，其中最典型的是早期鐵路建設。從開始規劃到鐵路的修建、機車採購、車站建設等，都需要花很長的時間，有些鐵路歷經數十年時間才建成。

現代工業技術的發展、生產工藝的改進整體上並沒有導致工業品生產週期縮短。這是因為現代工業生產日趨重複，新興產業不斷湧現，每種工業品種包含著越來越多的產業成分，工業品生產週期往往更為漫長。在現代資金密集型、技術密集型工業生產領域，如石油、採礦、鐵路、公路、航空航天、海洋工程、電站、核電站、水利設施、海洋平臺建設等，都需要更多的各種產業要素的綜合。想一想航母戰鬥群涉及的長長的產業鏈，宇宙飛船需要的一系列重複的技術。鐵路算是比較古老的東西了，但高鐵中使用了大量的新材料、新工藝、新的通信和電子控制系統。在這些生產領域，商品生產的漫長週期性質是我們大家都能觀察到的，都能接受的。在這些生產領域，貨幣需要數十年時間才能完成一次流通，重新回到投資人手中。自動化流水線生產的家用電器、電子產品、汽車等，在總裝車間生產線終端產品是快速生產出來的，但其生產週期和貨幣流通要追溯到很遠很遠的產業鏈起始端。原材料的生產、動力的生產、廠房和生產設備的生產、

技術發明及生產工人的培訓，都是整個產品生產週期的構成部分。我們必須追溯到產業鏈的始端，這是因為我們得為始端的產品付費。

弗里德曼轉述過1958年《自由人》雜誌講述的一個故事，名叫「小鉛筆的家譜」。該故事講述了普通木杆鉛筆是怎樣造出來的。首先木頭來自一棵長在北加利福尼亞和俄勒岡的筆直的雪松。把它砍倒，運到站臺需要鋸、卡車、繩子……和無數其他工具。這些工具的製造過程涉及許多人和各種各樣的技能。先採礦、煉鋼，然后才能製造出鋸子、斧子和發動機。先得有人種麻，然后經過各道工序的加工，才製造出了又粗又結實的繩索。伐木場裡要有床鋪和食堂……伐木工人喝的每一杯咖啡裡面，就不知包含有多少人的勞動。接著，木料被運進木材加工廠，在那裡圓木被制成板條。然后把板條從加利福尼亞州運到威爾克斯巴勒，在那裡做成鉛筆。但這還只是鉛筆的外皮，那個鉛心實際上根本就不是鉛，它最初是從錫蘭開採出來的石墨，經過許多重複的加工，最后才制成鉛筆的鉛心。鉛筆頭上的那一圈金屬是黃銅。請想想看所有那些開採鋅礦和銅礦的人吧，想想看所有那些運用自己的技術把這些自然的產物做成閃亮的銅片的人吧。那個我們叫做擦子的東西在鉛筆製造業上叫「疙瘩」。一般人以為那是橡皮的。但橡皮只用於結合的目的。起擦除作用的實際上是「硫化油膏」，這東西看起來像橡皮，其實是用荷屬

東印度群島（即現在的印度尼西亞）產的菜籽油和硫氯化物反應制成的。這個故事的結尾是：地球上沒有一個人知道怎樣製造我。

鉛筆是怎樣製造出來的故事也是許多毫不起眼的工業產品製造的故事。我們身邊的每一種物品，我們使用的各種小東西，都有著重複的身世，有著遙遠的血緣關係。我們要把這些東西生產出來，以現代的質量要求、現代的產品性能要求生產出來，都必須從源頭做起。這些東西的生產週期往往比乍一看來的生產週期要長得多。

連續性生產對貨幣流通速度的影響，連續性生產既不提高也不降低貨幣需求。多種價值構成的商品流通中的貨幣流通問題，貨幣循環圖。

傳統的農業生產，包括養殖業，有著很強的季節性，商品生產週期決定貨幣流通週期的事實是清楚的。但在現代工業生產活動中，雖然生產週期延長了，但大多數工業生產都是連續進行的。不管是否採用了流水線作業方式，不分季節、不分白晝的連續性生產都是工業企業生產的主要特點。這種連續性生產是否會縮短貨幣流通週期？只要商品生產週期不發生變化，貨幣流通週期也不會發生任何變化。連續性生產既不提高也不降低貨幣需求。

以糧食的生產為例，假如在一年中的任何季節、任何時間都能耕作、播種，但糧食的生產週期仍為一年，在這種條

件下我們把季節性的糧食生產變成流水線式的生產。從每年的第一天開始直到最后一天，我們都從事生產。在這種情況下，我們要想獲得同等的年產出，我們需要的貨幣投入和季節性生產狀況下的貨幣投入是一樣的。其區別僅僅在於：前者的貨幣投入集中在少數幾個月份，在收穫季節之前達到最大值；而后者分佈於每一天並且在年終時達到最大值。連續性生產延長了整個生產過程，收穫的季節性也減弱了，但却需要持續不斷的投入。只要商品生產週期不發生變化，連續性生產對貨幣流通週期是沒有影響的，只要年產出相同，連續性生產既不提高也不降低貨幣需求，連續性生產只是看起來降低了貨幣需求。

　　大型工業建設項目需要的大量資金是根據工程進度逐年投入的，是一種連續性的投入。投資人或者需要預先準備好整個項目所需的全部資金，或者在投資期間有其他收入來源，可將這些收入逐步投入。這些做法本身並不改變該項目所需的資金總量，也不改變該項目中的貨幣流通週期。在現實經濟生活中，這樣的項目一般都需要銀行的貸款。但一旦有銀行的參與，貨幣的自然流通狀態的假設就不成立了。在這種情況下，實際的貨幣需求降低了，降低貨幣數量的代價是增加同樣數量的債務。

　　由多種價值構成的商品生產週期是由其中各部分價值的生產週期共同決定的。以麵包的製作為例，我們假定麵包價

值構成中原糧占 40%、初加工階段占 20%，麵包製作和銷售階段占 40%。如果糧食都在當年消費掉，則糧食生產週期仍為一年，初加工環節生產週期為 2 個月，即從初加工企業購進糧食到銷售出去需要兩個月。在麵包製作環節，將糧食製作成麵包只需要花費數十分鐘，但麵包環節的生產週期要由麵包製作商的生產性質決定。麵包製作商會根據生產和銷售的情況安排其生產計劃，或者是一次性購進一個月所需原材料，或者是購進一週所需的原材料，這一時間再加上銷售時間就是麵包新增產出的生產週期，這一週期假設是一個月，麵包生產中的貨幣流通情況如圖 3.1 所示。

假如在一年中麵包總價格為 1，其中糧食總價格為 40%，初加工環節總價格為 20%，麵包價格環節總價格為 40%。在這種情況下，我們需要的貨幣數量如下：

$1\times 40\%+1\times 20\%\times(2/12)+1\times 40\%\times(1/12)=0.4667$

由此我們認為麵包生產中貨幣平均流通週期就為 0.4667 年，在一年中貨幣流通次數或貨幣流通速度就為 $1/0.4667=2.14$ 次/年。這一流通週期也就是包含了生產週期為 1 年、2 個月、1 個月共三種價值成分。

貨幣流通就像一個使用自循環供水系統的企業的水的流通，圖 3.1 也就是這樣一幅圖。除了最初滿足一個水循環週期需要的水來自外界，各環節用水都可來自再循環的水，只是不同的水有不同的循環週期。使用后污染較重的水需要經

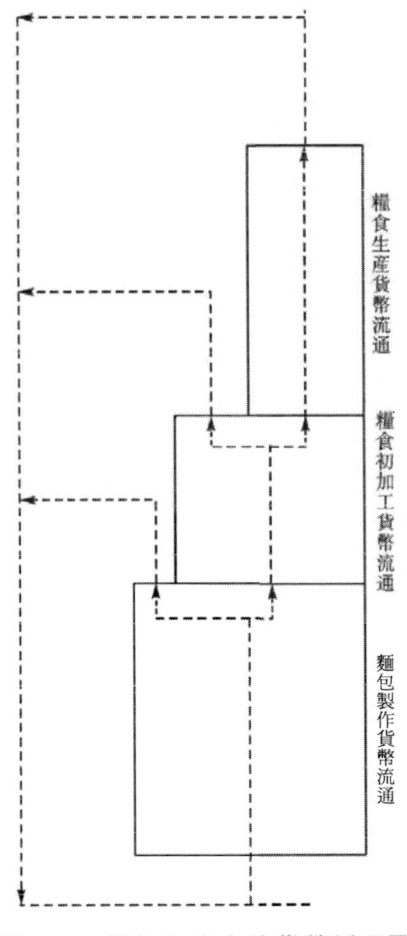

图 3.1 麵包生產中的貨幣循環圖

過多次處理才能再次使用，而使用后污染較輕的水只需經少數幾次處理就可再次使用，在使用和處理過程中水本身沒有任何消耗，則水的循環圖就如圖 3.1。只是水流的方向和貨幣流動的方向恰好相反。在總用水量一定的情況下，一個企業需要的水和水循環週期相關，總的循環週期又和各種污水的處理週期有關。用水量就是我們關心的貨幣數量。

消費的性質和薪金制度對貨幣自然流通的影響。窖藏貨幣。在信用貨幣條件下窖藏貨幣因素已下降到可以忽略的地步。

消費的性質和薪金制度也會影響貨幣的自然流通狀態。在經濟生活中每個人都既是消費者，又是生產者。在生產領域，生產的性質即商品生產週期決定了貨幣的自然流通週期，同樣，消費的性質、消費節奏也影響貨幣的自然流通週期，兩者中的大者決定貨幣需求。消費節奏不是指商品的使用壽命，而是指消費者兩次購買同類消費品的時間間隔。一般情況下，消費節奏小於商品生產週期，比如糧食的生產週期為一年，但消費者一次性購置的糧食往往只能滿足一兩週消費之需。如果消費者習慣一次性購買五年消費之需的糧食，那麼需要的貨幣數量就會五倍於先前的規模，貨幣流通週期也將延長。

普遍領取年薪與領取月薪、周薪的情況相比，需要更多的貨幣數量，貨幣流通週期也更長，因為領取年薪的人不得不在手中長時間保有更多的貨幣。

在普通的工業生產領域，商品生產週期通常較為慢長，薪金以月薪為主，此時貨幣數量由企業本身的生產性質決定，也就是由工業品的生產週期決定。在服務業領域，多數服務都只有很短的生產週期，數月、數天甚至不足一天。如果從事服務業的人員都是個體戶，則需要的貨幣數量最少，僅僅

是一天的收入。若是公司制企業並實行月薪制,則這些行業商品生產週期就為一個月。

　　窖藏貨幣是指人們在沒有任何預期用途的情況下,將貨幣埋入地窖或存入保險箱的行為。在貴金屬貨幣條件下,無論是在中國還是在其他國家,窖藏一直都是金銀的重要歸宿之一。在信用貨幣條件下,貨幣窖藏現象仍偶有發生。窖藏貨幣和流通中的現金的不同之處在於我們以一段較長時期來觀察,流通中的現金在持有者手中有時會下降到零,而窖藏貨幣始終維持在某一水平,流通中現金以貨幣的自然流通狀態流通,而窖藏貨幣一直都不流通。窖藏貨幣對經濟生活基本上不會產生任何影響,比如明清時期金銀流入后如果被窖藏起來,不過就是進口了金銀,窖藏就是把金銀消費了。

　　在貴金屬尤其是金銀作為通貨的情況下,窖藏貨幣是一件很自然的事情。金銀體積小、便於長期儲藏的性質都促使人們將金銀作為一種財富形式保存起來。在利息和風險平衡的時候,追求財富多樣性的理由也會導致貨幣窖藏。但在信用貨幣情況下,普通人除了在手中持有應對短期購物所需的現金外,多余的現金一般會被以活期和定期的形式存入銀行。普通人持有的現金或以活期形式持有的現金的數量不會比一個月的收入高多少。除此以外,是否還有超出流通中現金需求的貨幣被窖藏起來了?據說在西方國家一些富人不是為了支付的需要也會在家中儲藏相當份額的現金。在中國儲藏現

金的情況不但在古代存在，在現代也存在。

但在信用貨幣取代貴金屬貨幣後，窖藏現象的確發生了改變，信用貨幣的通脹屬性使人們想盡辦法讓它生息，為此也願意冒更大的風險。少量一直存在的貨幣窖藏，對貨幣流通的影響程度已降到可以忽略的地步。

§3.4 新增投資和重置投資，投資的貨幣需求

新增投資和重置投資。資產增值期和資產維持期的貨幣需求。投資的貨幣需求不能以年度而必須以商品生產週期來考慮。

如果從長期來觀察，人類經濟活動是一個既無起點也無終點的連續不斷的過程，各種經濟活動的區分就僅僅是商品生產週期的不同。投資活動僅僅是一種長週期的生產活動，是一種生產週期超過一年的生產活動，資產則是長週期生產活動中用到的各種固化勞動的產物而已。生產週期越長，其投資屬性越強。

從投資人投入資金開展立項研究開始，到最終形成的資產折舊完畢、投資人收回投資為一個完整的生產週期。不同的投資活動有不同的投資週期、投資節奏，形成的資產的使用期限不同，項目竣工後需要的后續資金等都各不相同。這

些因素決定了各項投資中的貨幣流通速度和貨幣需求。

　　投資的貨幣自然流通週期長於一年，因此投資的貨幣需求在單單在某一年度內是考慮不清楚的，只有在投資對應的一個商品生產週期中才能考慮清楚。在資產形成階段，在有淨投資的階段，投資的貨幣需求是逐年增加的。

　　以汽車的生產為例，假設建造一座汽車廠需要5年時間，每年投資額均為1，則在第1年投資的貨幣需求為1，第2年累計貨幣需求為2，直到第5年達到最大值5。看起來每年投資新增的貨幣需求相同，但在不同時期要求不同的貨幣數量，這一數量代表某一時期新形成的資產。在項目竣工后，資產都有較長的使用期或折舊期，仍以汽車廠為例，我們認為汽車廠竣工后可再使用5年，每年產出為1，折舊資產為1。要維持汽車的連續性生產，我們每年就要追加和折舊資產相當的重置投資。但這種重置投資可來源於產品銷售，生產者不需要追加新的貨幣投入。

　　假定在企業竣工后每年還需要0.5的貨幣，流通週期為1年的流動投資，流通週期為1年產出為1.5。將經濟活動按照消費、重置投資、新增投資來劃分，則消費為1.5，總資產為5，重置投資為1，新增投資為零。在這種情況下，貨幣需求＝消費價格＋資產價格＋（重置投資－資產折舊）＝5.5。

　　我們也可以將總資產、資產折舊、重置投資等概念排除掉，通過汽車生產週期及其年產值來計算貨幣需求。每年

1.5 的汽車產出需要的貨幣數量為 0.5+5 = 5.5，汽車生產中平均生產週期為 5.5/1.5 = 3.67 年，3.67×1.5 = 5.5。

一般性地，我們可以假設在整個生產領域有 N 種商品生產部門，每年觀察到各部門產品年產值為 P_1、P_2……P_n，各部門以年為單位的產品生產週期為 T_1、T_2……T_n，那麼年產值 P 和需要的貨幣數量 M 分別表示如下：

$$P = \sum_{i=1}^{n} P_i, \quad M = \sum_{i=1}^{n} P_i T_i$$

貨幣數量除以總價格就代表平均的貨幣流通速度。在工業社會，自然流通狀態下需要的貨幣數量將遠遠大於年產出總價格，包括消費和投資的總價格。

消費活動產生持續性貨幣需求，投資活動產生一次性貨幣需求。生產週期越長，投資的貨幣需求波動性越強。

在經濟發展問題上人們欣賞消費驅動的經濟發展，提倡以消費而非投資推動經濟發展。這是因為消費活動代表著已經為市場認同的經濟活動，具有可持續性。投資活動則是尚有待市場認同的經濟活動，有很大的風險，其可持續性存疑。在工業發展史上因投資過度引發的經濟危機頻頻發生，在中國，產能過剩的痼疾總是難以消除。無效的投資和投資效益差，都會使人們難以享受到經濟發展帶來的福利。但本質上投資驅動和消費驅動並無好壞之分，兩者的差異只是生產性質和發展階段的不同。投資規模僅僅反應長週期生產活動對

資產的需求，投資的長週期和生產活動本身的重複才使我們難以準確判斷合理的投資水平。過度投資會引發經濟危機，投資不足又會讓我們經受短缺之苦。從貨幣需求的性質來看，消費活動產生持續性的貨幣需求，而投資活動則產生一次性貨幣需求。即使投資活動經過了充分的可行性論證，項目最終也能盈利，但投資活動產生一次性貨幣需求的性質也不變。

任何人類生產活動都有其生產節奏，這在農業生產中是很顯著的。在工業生產中，生產的節奏性仍然存在，這就是在投資階段我們需要投入大量的資金、大量的物資和勞動力，在項目竣工后資金需求會大幅度下降。這種活動中最典型的是大型水電站的建設，在水電站建好后維持其正常運轉需要的投入相對初期投入可以忽略不計。在貨幣需求上，我們就可以把投資活動引起的貨幣需求視為一種一次性的貨幣需求，產生的是脈衝式貨幣需求。越是投資週期長、資本密集程度越高的投資，引起的貨幣需求波動性就越強。

在資產形成階段，需要不斷追加貨幣投入，需要大量資金以資產的形式沉澱下來。在項目竣工后，已經沉澱的資金除折舊外不會減少，但后續流動資金相對於投資資金會大幅度減少。這是投資活動產生一次性貨幣需求的基本含義。

有效的投資在資產形成后，仍會維持較高的貨幣需求，形成的資產以折舊的形式進入人們的消費需求中。在投資失敗的情況下，將不會有后續的重置投資，已形成的資產不能

以折舊的形式得到變現，因此其貨幣需求將迅速下降。但貨幣一旦創造出來就不會自動消失，如果投資不是依賴債務增長而是以新增貨幣來支撐，則新增的貨幣不會伴隨投資活動的消失而消失。新增貨幣終會加入到原來的貨幣流通中，投資失誤的損失會部分通過通貨膨脹的形式讓公眾承擔。

鑒於投資活動中貨幣需求的一次性性質，人們有一種想法，就是以一次性的貨幣投放和一次性貨幣回收既推動該項投資而又不引起持續的通貨膨脹。但在這種情況下，假如該項投資是有效的、能帶來持續的消費增長和貨幣需求，則新增貨幣就不應被收回，至少不應該被全部收回。當該項投資失敗需要收回相應的貨幣時，又怎能要求投資人償還貨幣？

§3.5 貨幣需求，國民收入和貨幣數量

一百年前，馬歇爾曾估計貨幣數量是消費者總收入的1/10和資產總價格的1/50之和[1]。從農業社會到工業社會，再到現在的信息時代，這種關係顯然在不停地變化著。在現在的經濟環境下，即使我們假設的貨幣自然流通狀態仍然存在，要核算國民收入和貨幣數量的關係仍是極為困難的。因為我

---

[1] 馬歇爾. 貨幣、信用和商業 [M]. 北京：商務印書館，1997.

們必須搞清楚構成國民收入中投資和消費的性質，必須搞清楚各種產出的比重和生產週期。搞清楚產出就足夠重複了，搞清楚商品生產週期就更困難了。

和假設的貨幣自然流通狀態不同，要真實估計一個國家國民收入和貨幣數量的關係，貨幣借貸和債務問題則是必須被考慮的。在農業時代，貨幣數量較少是因為經濟的貨幣化程度不高。在工業時代，平均的商品生產週期已顯著大於一年，但貨幣數量仍會低於一年的總產出價格，這種現象是由貨幣借貸因素導致的。

以自然經濟狀態為主的農業時代不需要多少貨幣。在農村地區，人們自己生產自己需要的產品，鄰里之間的交易和協助也以物物交換和其他信用為主，只有在城市生活中、在遠距離商業活動中才需要貨幣。

經濟生活的貨幣化，需要用貨幣來替代原有的各種信用關係，這種替代不會引起任何通貨膨脹。要實現貨幣化，在正常的產出之外，我們還需要貨幣的產出。在貴金屬貨幣條件下，貨幣的產出是一種真實的產出，這種產出會被列入總產出中，這種產出也是一種增長。但在信用貨幣情況下，貨幣的發行僅僅是貨幣的發行，不會被列入總產出中，我們的產出就漏統計了貨幣產出。中國在改革開放以來就經歷了一次顯著的經濟貨幣化進程，在這一過程中人們時常疑惑多發的錢到哪裡去了。可以預期，在經濟貨幣化進程結束後，同

樣的經濟增長已不再需要那樣多的貨幣供給了。

　　貨幣數量是根據貨幣流通量來推算的，因此貨幣需求是一種流量。在社會總資產中，有很多資產是不流動也不折舊的，如土地資源、礦產資源、水資源及水利設施等。如果以20年的收益來核定土地的價值，其資產總值是相當高的。在現代經濟條件下，自然風光、海灘、無光污染的夜空等，都會被人們視為資產。在談論貨幣數量時，貨幣數量只是和投資新增的資產有關係，只有新增資產才是流量，才需要投資、需要貨幣。

　　在貨幣自然流通狀態下，每個人都必須時刻擁有和自己所從事商品生產領域一個生產週期的產出等值的產品和貨幣。比如對農場主來說，要麼是持有和個人年收入等價的產出物，要麼是持有一年的貨幣收入，要麼是持有一部分實物和一部分貨幣，實物和貨幣相加剛好是一年的收入。在收穫作物待售的那一刻，不持有貨幣，持有的是一年的實物產出；在出售后的那一刻不持有實物，持有的是一年的貨幣收入。領取月薪的人每個月的收支相抵，每年的收支也相抵。那麼此人在一年中的任何一天，要麼剛領了一個月的薪水，要麼剛好干滿一個月需立刻領薪，此時錢也剛好花完了。在其他時候，此人手中的貨幣數量和已干活而未領取薪水的天數等效的工資相加也是一個月的薪水。這就是我們說的貨幣需求了，這是衡量經濟活動規模和貨幣數量關係的依據。

同樣的國民收入水平，經濟構成的不同需要不同的貨幣數量。以農業為主的國家，儘管實現了貨幣化，儘管也有很高的國民收入，但需要的貨幣數量是較少的。產業結構單一的國家，也只需要較少的貨幣數量。大多數第三產業的生產週期都較短，有些領域只有數月、數周，甚至更短的生產週期。

在中國，現階段經濟活動中投資一直占比較高，這種活動都有生產週期漫長的特點。這種生產週期的差異，導致了中國與發達國家相比在同等的國民收入下有更高的貨幣數量需求。可以預期，伴隨著工業化的逐步完成，伴隨著服務業在國民經濟中所占比重的提高，同樣速度、同樣規模的經濟發展對貨幣數量的需求將下降。這種下降會以資金充足的形式表現出來。我們到時會疑惑，這麼多錢我們該用來干什麼？是把它銷毀還是隨機投向我們未知的領域？

要粗略估計貨幣數量和國民收入的關係，則馬歇爾的觀點仍是有參考價值的。在商品生產週期較短的領域，如第三產業，如果生產週期普遍較短，短於 1 個月，由於薪金制度多為月薪制的原因，則貨幣需求就是年產出的 1/12。長週期的生產活動，如投資，在每年新增投資相同的情況下，只需要最初第 1 年和投資額等值的貨幣。在一年中這些貨幣將由投資人支付給了為此提供了商品和勞務的人，這些貨幣不是流入其他商品流通領域引起通貨膨脹，而是在來年再次貸給

投資人，滿足后續的投資需求。

經由貨幣借貸，貨幣自然流通週期大於一年的貨幣的實際流通週期都縮短為一年。我們需要的貨幣數量就和每年的重置投資及新增投資等值。

依據上述假設，如果國民收入為1，在國民收入構成中消費占70%，窖藏貨幣和庫存占10%，重置投資和新增投資占20%時，貨幣數量為：

10%+20%+70%/12=35.83%。

窖藏貨幣和庫存不變，如果消費減少為45%，投資增加為45%時，要維持同等的國民收入需要的貨幣數量為：

10%+45%+45%/12=58.75%。

§3.6 貨幣借貸和債務需求

貨幣數量不隨貨幣流通的加速而增加。在基礎貨幣數量少、貨幣流通無限加速情況下，貨幣借貸或者說債務將成為信用的主要手段。

在貨幣自然流通狀態下，現代經濟活動生產週期漫長的性質決定了我們需要的貨幣數量將是非常龐大的，其中的多數貨幣還會長期處於閒置狀態。如果使用貴金屬貨幣，我們將同時看到貴金屬貨幣的緊缺和貴金屬貨幣的大量閒置。人

們認為這種狀況是貴金屬貨幣使用上的浪費，通過貨幣借貸、流通加速減少貴金屬貨幣的使用能讓整個社會受益。在純信用貨幣情況下，減少貨幣數量本身已不再有經濟價值，但大量貨幣長時間的閒置仍被人們認為是一種資源浪費，經濟生活的需要仍促使人們將這些錢用起來。

在沒有存款準備金的情況下貨幣流通速度可以無限提高，我們需要的貨幣數量將下降到很低的程度，建立在互聯網基礎上的電子支付系統展示的正是這樣一種前景。假如全球所有國家的個人、企業、經濟組織、政府機構都通過一家銀行進行交易和支付，銀行可以在無窮小時間內完成貸款審批，電腦操作人員可在無窮小時間內完成借款和還款，向存款人和借款人發送存借款電子憑據，那麼銀行系統貨幣流通速度幾乎會達到無窮。全球銀行系統只要有一年中所有交易中單次最大一次性支付數量的貨幣就可滿足所有交易需求了。全球需要的貨幣數量不是目前的數百萬億人民幣而僅僅是一兩千億人民幣，通過對這一兩千億人民幣零時間間隔的拆分和組合可以將貨幣轉移到需要的人手中。

這樣的前景是令人恐怖的。在這樣的貨幣流通環境中，物價還是現在的物價，收入也是現在的收入，但我們每個人幾乎都看不到現金貨幣，每一元現金貨幣都珍稀異常，都需要保留在銀行系統中作為基礎貨幣。我們每個人照樣能領到工資，但要想拿到現金是不可能的了。我們在花錢購物的時

候，同樣可以通過銀行把工資花出去，但銷售商拿不到錢，只能抵償他的債務或增加其存款。我們照樣可以找銀行貸款，只要你有信用，銀行東拼西湊后能提供你需要的貸款。

到那個時候，銀行可能會開發這樣一款軟件，當客戶在銀行存入一萬元現金貨幣后，其帳戶中就會產生由各種貨幣單位如元、十元、百元等構成的一萬元以黑色為背景的貨幣。客戶對這一萬元貨幣可隨意支配，可用於抵償債務，也可用於支付。如果這一萬元被銀行以貸款形式借出，其帳戶中一萬元貨幣就將變灰且不可再次操作。借款人在借入貨幣的同時，在其帳戶中同時產生同等數量的債務。在第一次借貸后貨幣轉移到了借款人帳戶中，在其帳戶中產生債務的同時原存款人帳戶中的貨幣將變灰。再一次借貸后，以黑色背景的貨幣數量不變，各新增一萬元變灰了的貨幣和一萬元債務。

在這樣一個電子支付系統中，每個人帳戶中的債務和灰色背景的貨幣不能沖抵，各帳戶之間債務和灰色背景的貨幣也不能流通。各帳戶中的貨幣只有在滿足商品流通需求和貨幣借貸、債務沖抵等情況下才可以流通。在商品流通時，貨幣從一個帳戶轉到了另一個帳戶，而商品反向從一個人手中轉移到另一個人手中。債務只能用貨幣沖抵，在債務沖抵時貨幣可以湮滅債務人帳戶中同等數量的債務，同時將原借款人帳戶中同等數量的灰色背景的貨幣轉化為可操作的貨幣。在這樣一個電子支付系統中，貨幣數量總是維持不變的，債

務和債權也相等。貨幣數量加上債務除以貨幣數量就是貨幣流通加速效應，也就是貨幣乘數。

　　貨幣借貸的產生總是基於借款人滿足商品流通、滿足商品交易之需而產生的，債務的增加也意味著貨幣流通的加速。和貨幣自然流通狀態相比，貨幣流通的加速在滿足商品流通、滿足商品交易之需上起到了和貨幣數量增長相同的效果，但貨幣數量並沒有任何改變，這是貨幣流通加速現象最本質的特徵。在早期西方國家多次發生的經濟危機中，我們往往都能看到銀行不得不暫時終止儲戶的現金提取，其原因就是存貸款規模雖然隨著貨幣流通的加速而增加了，但是貨幣數量本身沒有任何變化時，銀行根本就沒有存款所表達的那麼多的貨幣。

　　在貴金屬貨幣制度下人們很容易認同這個道理，無論是以貴金屬制成的貨幣還是根據貴金屬儲備發行的紙幣，其數量總是由我們擁有的貴金屬總量決定的，有多少數量的貨幣我們可以一一清點。在民間貨幣借貸中，我們也都相信借貸只是將貨幣從一個人手中轉移到了另一個人手中，貨幣數量仍保持不變。事情發生在銀行性質就變了嗎？銀行可以創造存款、創造債務，這些債務在滿足商品流通、商品交易時也能起到和貨幣數量增長相同的效果，但銀行創造貨幣的說法是子虛烏有的，也是誤導性的。這個道理在金本位制度時代顯而易見，在信用貨幣時代依然如故。

在金本位制度下，銀行發生危機時，人們不但要大量提取現金，還會將現金兌換成黃金。在貨幣乘數較大時，較小比例的兌換要求都會讓銀行系統吃不消。在信用貨幣條件下，銀行擠兌現象仍會發生，但人們往往只是將存款從發生危機的銀行轉移到其他銀行，讓錢仍然留在銀行系統中，銀行系統性的金融風險降低了。

不管怎樣，電子支付系統都降低了人們對貨幣現金的需求。現代社會有越來越多的人不但適應了沒有現金的生活，還喜歡上了這樣的生活。電子支付手段也受到越來越多的商家的青睞。早期的銀行儘管沒有存款準備金制度的限制，但由於多數支付是以現金流通的形式，因此其貨幣流通加速效應甚至會比現在有存款準備金制度下的銀行貨幣流通加速效應還要小。只有在金融業高度發達的今天，建立在互聯網基礎上的電子支付系統才為我們展示了貨幣流通無限加速的前景。

債務現象，債務需求。自然流通狀態下的貨幣需求和基礎貨幣數量的差值決定了債務規模，增發貨幣是否可以減少債務？

在人們古老的印象中，貨幣借貸都是指遭遇困難的窮人為了應急向富人借高利貸，總帶有些許不道德的色彩。但在現代社會，債務卻像商品一樣無所不在，成了一種現代經濟生活擺脫不了的現象。多數生產經營活動，包括小規模的生

產和商業活動，都需要貸款支持。我們還有專門針對農村地區的扶持性貸款。在投資活動尤其是新增投資活動中，如果沒有貸款，大多數項目都開展不起來。消費者要購置大件耐用消費品，如果沒有消費貸，則不知道要等到猴年馬月，多數人甚至永遠等不到那一天。如果法律禁止貨幣借貸，則大家就不必繳納社保了，因為我們繳納的社保金就是社保部門的債務。在現代中國，經濟越是發達，債務現象越是普遍，債務問題越是稀松平常。離開了債務，我們的許多事情還不好辦了。

我們已無法追溯最早的貨幣借貸現象了，債務問題在古代社會就已經存在。中國早期最著名的債務問題是東周時期周赧王為了參加對外戰爭向國人借債，最終因戰爭失利無法歸還國人的欠款而不得不躲到山上。在債務人身為國王的情況下，債權人顯然不敢採用野蠻的方式逼債，只好給其以「赧」的謚號了事。

債務是什麼？債務就是貨幣借貸，是以貨幣為內容的延期交易。在商品交易中貨幣作為交易媒介，對延期交易進行了一次性了結。在貨幣借貸中，借款人不能履約就成了債務問題。

現代經濟活動中，債務的大量產生是由生產的性質決定的，並非由貨幣短缺造成的，這種性質就是工業生產的長週期性質。如果要說貨幣短缺，那麼在信用貨幣條件下我們的

貨幣數量較之過去已不知道增加了多少倍，可還是缺錢。如果有消除債務的需要，且印製貨幣就可以消除債務，那麼我們可以無限制增加貨幣數量。貨幣印製的成本，相對於消除債務的「好處」來說，是不需要考慮的。但任何稍有理性的人，都會在本能上對貨幣發行持反對態度。貨幣數量的增加不但不能消除債務，反而會加重債務危機，債務危機只能按債務模式來處理。

貨幣借貸的大量出現的首要原因是，在貨幣自然流通狀態下，長週期生產活動中大量的貨幣會長時期處於閒置狀態。其次是在現代工業生產條件下，每種經營活動都需要大量的貨幣。基本的資金保障是每一項經營活動最終取得成功的先決條件，有更多的資金保障還能使投資者在市場競爭中處於有利地位。投資者擁有更多的資金，可以輕易地在產品銷售、原材料購置、優秀員工的招募上占據優勢。兩家初始條件完全相同的企業，完全靠自有資金支撐且遵從貨幣自然流通狀態的企業，將會迅速敗給有貸款且有更多資金支持的企業，迅速敗給在採購時提供預付款、在銷售時容許賒購和欠款的企業。

我們既然無法迴避現代社會中的債務問題，剩下的就是如何對待債務了。在債務問題中，除了各種風險控制手段外，最基本的問題是債務規模問題。

在經濟規模和物價水平不變的情況下，貨幣自然流通狀

態下經濟活動需要的貨幣數量和基礎貨幣數量的差值將決定債務規模。這種純粹滿足商品流通之需產生的債務，我們稱之為債務需求。在債務構成中，短期債務和長期債務則主要取決於經濟生活中貨幣在各生產者手中的初始分佈狀況。比如在現實經濟生活中，缺錢的主要是從事短生產週期的生產者，則短期債務就越多；反之主要是作長期投資的人差錢，則長期債務就越多，但兩者之和不變。

在整個經濟體系中，只有生產週期為 1 個月和 5 年的甲、乙兩種產品生產部門，其中甲產品年產值為 0.48，乙產品年產值（新增投資）為 0.52，基礎貨幣數量為 0.35，那麼在資產形成期的第 1 年，甲產品自然流通需要的貨幣數量為 0.48×（1/12）= 0.04，乙產品即新增投資需要的貨幣數量為 0.52，貨幣數量需求合計為 0.56。甲、乙兩部門實際擁有的貨幣數量和兩部門貨幣自然流通需要的貨幣數量的差額構成債務，甲產品的債務為短期債務，乙產品的債務為長期債務。在第 2、3 年直至第 5 年，每年新增的貨幣需求為 0.52。在進入重置投資階段後，貨幣需求為 0.48×（1/12）+0.52×5 = 2.64，此時債務規模將達 2.64－0.35 = 2.29。在此期間，甲產品債務規模一直不變，乙產品債務規模逐漸增加，如表 3.1 所示。

表 3.1　　　　　　　　　債務規模和債務構成

甲產品流通貨幣數量/a	0.005	0.01	0.02	0.03	0.04
乙產品流通貨幣數量/b	0.345	0.34	0.33	0.32	0.31
貨幣完成的流通量/12×a+b	0.405	0.46	0.57	0.68	0.79
債務完成的流通量/1−12×a+b	0.595	0.54	0.43	0.32	0.21
總流通量	1	1	1	1	1
每年甲產品債務/0.04−a	0.035	0.03.	0.02	0.01	0.00
第1年乙產品債務/0.52−b	0.175	0.18	0.19	0.20	0.21
第1年債務總額/0.56−a−b	0.21	0.21	0.21	0.21	0.21
第2年乙產品債務/0.52−b+0.52×1	0.695	0.70	0.71	0.72	0.73
第2年債務總額/0.56−a−b+0.52×1	0.73	0.73	0.73	0.73	0.73
第3年乙產品債務/0.52−b+0.52×2	1.215	1.22	1.23	1.24	1.25
第3年債務總額/0.56−a−b+0.52×2	1.25	1.25	1.25	1.25	1.25
第5年乙產品債務/0.52−b+0.52×4	2.255	2.26	2.27	2.28	2.29
第5年債務總額/0.56−a−b+0.52×4	2.29	2.29	2.29	2.29	2.29

從表3.1中我們可以看出，一個國家債務總額與債務在

各部門之間的分佈情況沒有關係，無論債務構成如何，貨幣流通加速效應也相同。對長週期的生產活動而言，每一年實際投入的貨幣都會轉移到其他人手中，同等數量的貨幣可以通過借貸再回流到投資人手中。但在資產形成期，投資人還無法從投資活動中獲得任何收益，因此在第2、3、4、5年，每年需新增年投資額規模的債務。

任何經濟體都存在一定數量的現金貨幣，現金貨幣將以其自然流通狀態流通，但流通中的現金比例對債務規模也沒有任何影響，將流通中的貨幣都吸引到銀行無助於降低債務規模，影響的只是貨幣乘數。如果現金用於民間借貸，則民間借貸規模將替代銀行同等規模的債務，不改變債務總規模。

要通過增加貨幣數量來根除債務，首先得消滅現代銀行，把銀行變成老百姓存錢與取錢的保險箱。現代銀行最主要的經濟職能是放貸，扮演的是投資者角色。在沒有債務的情況下，一些人手中會持有大量的長期閒置的貨幣，我們得用嚴刑峻法來制止其放貸。在投資者和企業資金擁有量上的差異對經營成果有重大影響的時候，我們也難以抑制企業經營者和投資者尋求貸款的衝動。追根溯源，貨幣本身都是一種債務，一種政府債務。

貨幣借貸規模或債務規模和國民收入的比例是由生產的性質決定的，是由資產規模決定的。在商品生產週期小於等於一年時，債務將成為一種偶然的現象。在商品生產週期大

於一年時，債務規模大體會維持在年投資規模和投資週期之積這一水平，債務規模實際上代表著資產規模，債務就是待折舊的資產。資產規模維持不變，則債務規模也不變。資產折舊或變現的過程就是債務消除的過程，資產貶值了甚至憑空消失了，債務就需要按債務模式來處理。

§3.7　銀行制度：存款準備率和存貸比

存款準備率和自然存貸比，借貸次數和貨幣流通加速效應。投資的平均週期和存款準備金共同決定實際的貨幣乘數

在沒有存款準備金且技術上可行時，貨幣流通可以無限加速。在有存款準備金限制時，貨幣乘數也是建立在貨幣借貸無限進行的基礎上的，只有經過無限次借貸，貨幣流通加速效應才能達到其貨幣乘數。但貨幣借貸次數不可能是無限次的，銀行不會為了創造存款而創造存款，銀行貸款只是基於生產經營和投資的需要發生的。銀行對風險的控制和經濟活動的需要都會使實際的貨幣乘數限制在小於其貨幣乘數的範圍內。從貨幣借貸來看，一直留存在銀行系統中的貨幣都只能產生有限次貨幣借貸。有限次的貨幣借貸只能實現較小的貨幣乘數，以 M 代表初始存款，R 代表存款準備率，n 代表借貸次數，則存款總額和貸款總額如下：

$$存款總額 = \frac{1-(1-R)^{n+1}}{R} \times M$$

$$貸款總額 = \left(\frac{1-(1-R)^{n+1}}{R} - 1\right) \times M$$

以初期存款為1，存款準備金為10%為例，表3.2表示了貨幣借貸次數與存款總額及貸款總額的關係。

表3.2　　　借貸次數和存款總額、貸款總額

借貸次數	存款總額	貸款總額	存款準備金	存貸比
1	1.900	0.900	0.190	47.37%
2	2.710	1.710	0.271	63.10%
3	3.439	2.439	0.344	70.92%
4	4.095	3.095	0.410	75.58%
5	4.686	3.686	0.469	78.66%
6	5.217	4.217	0.522	80.83%
7	5.695	4.695	0.570	82.44%
8	6.126	5.126	0.613	83.68%
9	6.513	5.513	0.651	84.65%
10	6.862	5.862	0.682	85.43%
15	8.147	7.147	0.815	87.73%
20	8.906	7.906	0.891	88.77%
50	9.954	8.954	0.995	89.95%
∞	10	9	1.000	90%

創制出來的每一單位貨幣只要不是磨損、破舊到不堪使

用的程度，也未被挪作他用，或者銀行願意以舊換新，則每一單位貨幣都將被一直使用下去。在現實經濟生活中，使用歷史最悠久的貨幣或許已有數百年歷史了。在數百年時間內，貨幣的主人變動了多少次，或者說流通了多少次？或許只有幾百次，也或許有幾千次。貨幣乘數自然不能以這樣長的時間跨度來考慮，去除窖藏貨幣后最長的貨幣自然流通週期是我們考慮問題的時間界限，這一時間或許不足五十年。更一般的，我們是以年為時間跨度來考慮貨幣乘數的。貨幣數量是一種存量，貨幣流通則是一種流量，離開了時間因素，流量是不成立的。

　　從表3.2我們看到，無論借貸次數多少、也無論存款準備率如何，銀行的存款與貸款之差始終等於初期存款，這一差值代表的就是真實的貨幣數量。當貨幣借貸次數達到無窮大的時候，銀行繳納的存款準備金將等於初期存款，這就意味著銀行這時已經沒錢了，已經把客戶初期存款全部當作存款準備金上繳了。那麼銀行要向客戶提供現金時就只能向央行要錢了，但央行憑什麼給錢呢？央行只能在銀行存款準備金範圍給錢，同時增加銀行的債務。

　　每一存款準備率都對應著一個最大存貸比，這個存貸比就是自然存貸比，存款準備率和自然存貸比互為余數，貨幣無限次借貸后銀行存貸比將達到其自然存貸比，比如10%存款準備率對應的是0.9的自然存貸比。要使存款準備率和存

貸比同時起作用，存貸比要小於其自然存貸比。在存貸比小於自然存貸比時，要達到存貸比控制線，不同的存款準備率對應著不同的借貸次數。假設存貸比為75%，在存款準備率小於等於25%的情況下，需要的借貸次數如表3.3所示。

從表3.3中可以看出，在存款準備率和存貸比互為余數的情況下，需要無限次借貸，其實際存貸比才可能達到規定值。但存貸比只要略小於存款準備率余數，那麼很少的借貸次數就會突破存貸比限制，存款準備率越低需要的貨幣借貸次數越少。以初期存款為1，在存款準備率為0.15、存貸比為0.75，則銀行繳存的存款準備金為0.6，留在銀行的現金為0.4。若存款準備金降為0.1，存貸比仍為0.75，則銀行繳存的存款準備金為0.4，留在銀行的現金為0.6。

表3.3　　　　存款準備率、存貸比及借貸次數

存款準備率	0.05	0.10	0.15	0.20	0.24	0.25
借貸次數	4.350	4.848	5.639	7.215	11.730	∞
存款總額	4	4	4	4	4	4
存貸比	0.75	0.75	0.75	0.75	0.75	0.75

在有存款準備金制度限制而沒有存貸比限制時，貨幣借貸次數也不會達到無限次。因為到那時，銀行的現金貨幣將全數上繳，只剩下債權和債務，任何風吹草動都會讓銀行無法應對。我們觀察到，幾乎所有國家實際的貨幣乘數也顯著

小於其理論貨幣乘數。除了存貸比，還有哪些因素制約著貨幣流通加速效應？

這只能從經濟生活的需要說起，從貨幣借貸的產生原因說起。經濟活動尤其是投資活動受銀行貸款能力的影響很大，但經濟活動本身的需要仍是決定貨幣借貸是否發生的關鍵因素。有些時候，許多有利可圖的投資項目會因為銀行貸款能力不足而只能時斷時續地推行；而在銀行資金充足的時候，一些投資價值小、風險很大的項目也會轟轟烈烈地開展起來。

任何經營者和投資者都需要預先籌劃好一個生產週期內的全部資金需求，不管是自有資金還是貸款。生產週期短至數月的商品生產者在需要貸款時，為避免多次還貸續貸的麻煩，其貸款往往也會以一年期貸款的形式提出，只是其貸款額只需滿足一個生產週期所需資金就可以了。在一年終了的時候，再根據盈利情況和經營活動的需要重新審視下一年度的貸款要求。長期的投資者則需要預先籌劃好整個投資期間的全部資金需求，但並不需要一次性借貸所需的全部資金，銀行也不可能有那麼多資金一次性提供，而是依據項目進度逐年借貸、續貸。從債務角度來看，逐年續貸和一次性長貸並無區別，但從銀行放貸能力來看，逐年借貸才現實一些。對投資者來說，只是需要在一年終了的時候對原有借款續貸並再次借入新的一年所需資金。只要金額不變，新年度需要的貨幣就來源於上一年度花出去的錢，只是其債務加倍了，

我們可以認為投資者花出去的錢變成了其他人的存款再變成債權。

除了這種生產經營和投資活動的需要，無論銀行是否有貸款能力，投資者也不會為了配合銀行的存款創造而進行借貸。在這樣的情況下，貨幣借貸的次數就被限定了。對於短週期生產經營活動的貸款需求，無論是一次性的一年期貸款還是多次的數月期貸款，其貸款水平將維持不變。長期投資中的貸款雖然採取了續貸的模式，但貸款總額是上升的。如果新增投資都來源於現有貨幣存量，我們認為這種貸款需求只能靠借貸次數的增加來滿足。商品生產週期為多少年，貨幣借貸次數就將為多少次，這一借貸次數和銀行存款準備率聯繫起來，實際的貨幣乘數就決定了。表 3.4 列出了實際的貨幣乘數、存款準備率和投資項目平均週期（借貸次數）的關係。

依據一個社會貨幣運行情況，包括基礎貨幣數量、現金數量、存款準備率和債務規模，我們反過來也可以推測商品平均生產週期。

表 3.4　　　　存款準備率、借貸次數及貨幣乘數

存款準備率		0.05	0.10	0.15	0.20
生產週期 /借貸次數	2	1.95	1.90	1.85	1.80
	3	2.85	2.71	2.57	2.44
	4	3.71	3.44	3.19	2.95
	5	4.52	4.10	3.71	3.36
	6	5.30	4.69	4.15	3.69
	7	6.03	5.22	4.53	3.95
	8	6.73	5.70	4.85	4.16

　　無論基礎貨幣數量、存款準備率、存貸比指標如何，只要這些指標不作經常性調整，經過足夠長的調整時間，商品價格體系都會調整到如表3.4所示實際的貨幣乘數、存款準備率及借貸次數狀態。脫離生產需要的貨幣借貸可持續性較小。極端情況下，銀行系統只要有一年中所有交易中單次最大一次性支付數量的貨幣，就可滿足債務需求。但這必然導致大規模的和實際生產需要無關的銀行間債務，這種債務增加是不穩定的，債務增加導致的利率上漲最終將導致商品價格的下降並在新的低價格水平下達成新的平衡。只有在兩者吻合的情況下，生產規模、投資規模、債務規模、商品價格、工資水平、利率水平、銀行壞帳率等才會處於合理水平且保持長期穩定。短週期生產領域的貨幣仍保持其自然流通狀態，而投資領域貨幣借貸次數剛好和以年為單位的生產週期相同。

在一般性經濟循環的低潮期，借貸次數導致的存貸比低於銀行風險控制認同的存貸比，但銀行不會由此顯得貸款能力過於過剩；在經濟循環的高潮期，則出現貸款緊張，但可以不突破風險控制認同的存貸比。

存款準備金制度，存款準備率和銀行壞帳率，存貸比。存款準備金是調節貨幣供給還是控制風險？

最早的存款準備金制度的主要目的是為銀行存款提供一種保障，在金融危機發生時能為儲戶提供一種支付保證。隨后，存款準備金制度逐步演化成銀行體系整體性金融風險的防範制度。在信用貨幣時代，存款準備金制度還時常被作為調節貨幣數量的工具。不管人們在存款準備金制度的意義上有何分歧，現代銀行需要存款準備金制度已經被人們接受了。有了存款準備金制度，建立在互聯網基礎上的電子支付系統給我們展示的債務無限增長的恐怖前景消除了。當實際的經濟風險發生時，整個經濟受影響的程度大幅度下降了，整體性金融危機發生的可能也更小了。

存款準備金制度如果是基於為存款提供一種支付保障的要求，那麼銀行存款準備率和銀行系統一般性壞帳率有關，存款準備金只要能應對銀行貸款壞帳就足夠了。銀行存款的風險源自銀行放貸產生的風險，源自經濟活動自身的風險。我們的每一筆存款的風險都會牽扯到該筆存款派生的所有債務的風險，因此銀行為該筆存款準備的保證金，需要大於該

筆存款派生的債務和銀行壞帳率之積。用公式表示為：

存款×存款準備率≥貸款×銀行壞帳率＝存款×（貨幣乘數−1）×銀行壞帳率

以 x 代表存款準備率，a 代表壞帳率，則上述式子為：

$$x \geq \left(\frac{1}{x} - 1\right) a$$

解此方程得：

$$x \geq \sqrt{a + \frac{a^2}{4}} - \frac{a}{2}$$

在壞帳率為 1%、2%、3% 時，對應的存款準備率為 9.5%、13.2%、15.9%。由於真實的貨幣乘數小於理論貨幣乘數，存款準備率還可能更低。

在銀行系統債務風險或壞帳率不超過預期值的時候，繳納的存款準備金返還繳納銀行後就可應對儲戶提款的要求了。但在現在，存款準備金一般情況下是不允許動用的，或許只有在銀行倒閉的時候，存款準備金才會返還繳納銀行。一般性經營風險由銀行自身承擔，靠存貸比控制、超額準備金來控制。但無論如何，只要我們對銀行壞帳率的預期正確，或存款準備率能應付的壞帳率控制指標，存款準備金制度都可為存款提供某種保證。存款準備金制度的基本作用是控制銀行風險的無限擴大，避免銀行整體性金融風險的發生。

存貸比指標總是小於其自然存貸比，這一指標主要被視

為銀行的風險管控措施之一。在存貸比達到自然存貸比的時候，銀行已經沒錢了，無法應對任何提款的要求。除了應對儲戶提取現金的要求外，可以綜合存款準備率、投資週期來制定存貸比控制指標。在某種存款準備率下，如果存貸比要求的貨幣借貸次數小於以年計算的投資週期，則投資需求難以得到合理的滿足。依據某種存款準備率，經和投資週期相同的貨幣借貸次數后，我們可以制定存貸比指標。以 R 代表存款準備率，T 代表投資週期（年），則存貸比由下式確定：

$$存貸比 \leq \left(\frac{1-(1-R)^{T+1}}{R} - 1 \right) \Big/ \left(\frac{1-(1-R)^{T+1}}{R} \right)$$

如在存款準備金為 15%，項目平均生產週期為 8 年的時候，存貸比宜控制為 80.5%，這就是貨幣經 8 次借貸后銀行的存貸比，此時留在銀行的貨幣約為初期存款的 48.8%。

4 財富需求

§4.1 財富現象

　　財富尤其是工業財富的累積是現代社會最顯著的經濟現象，但財富在早期人類歷史上扮演的角色也毫不遜色。珍寶可與王權媲美，和氏璧值十五座城池？

　　財富尤其是工業財富的累積是現代社會最顯著的經濟現象，但財富在早期人類歷史上扮演的角色也毫不遜色。據說，在特洛伊城被希臘聯軍攻破后特洛伊盟友伊尼阿斯王子帶著珍寶逃到了羅馬，后來成了當地的國王。王位世襲相傳至努米托和阿穆略兩兄弟的時候，遺產被分為兩份——王權和從特洛伊帶來的金銀財寶，由兩兄弟選擇要王權還是要珍寶。在這裡財富等同於王權。張騫通西域回國后向漢武帝匯報西

域人貴漢財物、兵弱，建議向西域擴張，在這裡貴漢財物又成了漢朝物質優越的象徵。有什麼樣的「珍寶」可媲美王權？對那個時代的考古發掘提示我們，珍寶或許就是在今天我們看來很普通的玉石、黃金飾物、象牙、犀牛角等東西。在這些發掘物中，雖然有一些物品比如黃金飾品在今天仍閃爍著光芒，但這些古物除了其文物價值仍彌足珍貴外，在現代社會已不稀奇了。

在古埃及時代，腓尼基人就繞非洲遠航了，跨越印度洋之旅的帆影在兩千多年前就已出現。獲得財富、擁有財富一直被視為生命的意義之一。司馬遷在貨值列傳中描述了自虞夏至於秦漢耳目欲極聲色之好，口欲窮芻豢之味的消費景象，介紹了諸多超級富豪評價其富至僮千人，田池射獵之樂擬於人君，千金之家比於一都之君，巨富者乃與王者同樂。在中國古代，一些勸世文中鼓勵行善積德、勤勞樸素的理念，也以「致富」為動力，其終極目標是財富。

據說劣質烈酒、玻璃珠子在非洲曾被作為財富交換奴隸，中國瓷器曾可換來等重的黃金，黑乎乎的鴉片也可以換得白花花的銀子。這些是需求現象，也是財富現象。

儘管現代社會的主要財富是工業財富，但各類珍寶如寶石、鑽石、夜明珠等珍稀物仍被視為財富的象徵，雖沒有多少實用價值卻有著極高的炫耀價值。在大多數國家，異常珍稀之物如和氏璧之類珍寶都只能由帝王專有。和氏璧價格最

高時曾價值十五座城池。秦昭王聽聞和氏璧到了趙國，就提出以十五座城池和趙國交換和氏璧。趙國使者藺相如帶著和氏璧到了秦庭后，却發現秦昭王只顧把玩和氏璧，絕口不提十五座城池的事，於是就設法要回和氏璧，並以摔碎和氏璧作為威脅，要秦王一手交城池，一手交和氏璧。在這一故事中，我們認為和氏璧的最高評估價是十五座城池，在這一價格下趙王願賣秦王願買。藺相如能完璧歸趙，真相更可能是秦昭王見到和氏璧后，其神奇的光環就消失了。在秦昭王心目中，和氏璧雖仍為一塊美玉却不再值十五座城池了，只值一座城池再加一點點糧食了。作為大國國王，秦昭王自然不能像普通民眾買賣東西一樣討價還價，提出降價的要求，就只好讓藺相如歸國了。在隨后的歷史中，和氏璧就再未能以十五座城池的價格出售了，在羅貫中撰寫的三國演義中，和氏璧就只為孫策換來了很少的好處。

　　無數的財富故事並沒有為我們揭開財富之謎，反倒給我們帶來了更多的困擾。珍寶的使用價值極小但價格昂貴是財富帶給斯密的困惑，人為財死、鳥為食亡是人們面對財富發出的無奈的感慨，苦行僧式的生活理念不過是人們對財富的一種抗拒性反應。漢朝時因陪嫁被迫前往匈奴轉而為匈奴效力的中行說感於伊稚斜喜漢物對匈奴民族淳樸尚武精神的破壞，多次向單於建議棄用漢物，匈奴人眾不能當漢之郡，然所以強者，以衣食異，無仰於漢也。今單於變俗好漢物，漢

之費不過十二，匈奴盡歸於漢也。在歷史上有些族群因耽於享樂而毀滅了，但將眼鏡、鐘表等斥責為奇技淫巧、雕蟲小技的意識却使中國遲遲跟不上世界工業化的步伐。在今天，是否應該鼓勵消費、鼓勵奢侈品消費仍是讓我們感到困惑的事情。

現代社會財富帶給我們的困惑不但沒有減少，反而增加了，因為生產生活的性質較過去重複多了，財富類型極大豐富了。傳統的珍寶、土地等財富在現代社會已退居次要角色，工業財富上升為主要的財富形式。在工業財富中，最初的主要財富類型如機器、設備、儀表等的重要性降低了，而知識、管理、技術、專利等財富形式占據越來越重要的位置。世界性市場的形成仍需要商路，但純粹由地理位置決定的商路的重要性也降低了，海運和空運的發展開闢了越來越多的商路。商品經濟的發展使得經濟活動越來越受金融活動的影響，金融實力也越來越決定著一個國家的發展。

財富數量的增長和種類的增加在消除物質匱乏的同時給我們帶來了一系列新的經濟問題。因為知識和技術在工業生產中的決定性作用我們實施了專利保護制度。在沒有專利保護制度的時代，知識和技術是以世襲和師徒相傳的形式傳播的。有了專利保護制度，知識和技術才更多以公開的方式傳播。在現代技術研發中專利文獻的查找是一項基礎性工作，人們即使不願意花錢購買專利，專利文獻也能為人們提供諸

多幫助。因此專利制度最本質的作用不是鼓勵創新，市場機制有足夠的動力鼓勵人們創新；專利制度的重點不是保護，而是鼓勵知識和技術的推廣。有了專利制度，知識和技術才以前所未有的速度傳播。

　　財富累積尤其是工業財富的累積成為現代社會最顯著的經濟現象，是因為在整個農業時代，除了稀有的珍寶，就幾乎只有土地等極少數東西可以被稱為財富了。這些財富的數量由於自然的原因幾乎長期不變，財富故事的主角是財富的掠奪而非財富的創造、生產、累積。只有到了工業時代，財富的創造、生產，財富的累積才成為了財富故事的主角。和工業革命相伴的是工業化國家主要是西歐國家長達幾個世紀的殖民擴張，在這一過程中，對殖民地的直接財富掠奪包括各種戰爭賠款雖然仍是財富故事中最引人注目的一部分，但在這些國家的財富故事中，財富的創造、生產，財富的累積却悄然成為財富故事的主角，這是工業革命講述的財富新故事。

§4.2　貨幣財富

　　貨幣財富和貨幣需求，貨幣財富累積的界限。人民公社制度下的貨幣財富，工分。貨幣財富只是各種實物財富的影

像而已。

　　貨幣財富和貨幣需求問題是同一個性質的問題，經濟活動產生的貨幣需求是多少，有效的貨幣財富數量就是多少，貨幣財富累積的界限就是多少。在這樣的範圍內，只有我們將持有的貨幣花出去，才能換來我們預期數量的商品、勞務和資產。超出這一範圍，哪怕是黃金和白銀，我們在將它們花出去的時候，都會發現它們也貶值了，買不回多少東西了。

　　超出貨幣需求的貨幣數量總是存在的。在貴金屬貨幣時期超出貨幣需求的貨幣數量還可以達到相當的程度，這就是金銀窖藏。明清時期中國曾有過白銀大量流入的歷史，根據大量歷史事實，我們可以猜想這些白銀多數還是被用於流通了，否則中國的銀本位制是建立不起來的。除此也有相當比例的白銀被窖藏起來了。窖藏的白銀意味著什麼？意味著中國窖藏了許多白銀，意味著我們的出口商品換來了白花花的銀子，但僅僅是將賺來的白銀埋藏起來了。當我們把窖藏白銀用於國內支付時，我們當然可以換來我們需要的商品和勞務，但單位貨幣的購買力將會下降。在窖藏貨幣數量稀少時，這種支出對商品價格幾乎沒有影響，但在窖藏貨幣數量較大時，商品價格必然大幅度上漲。窖藏貨幣加入流通後，原有的流通貨幣加上窖藏貨幣的總購買力或許只是和原有貨幣總購買力相當，這就是貨幣財富有效性的含義，這種有效性也決定了貨幣財富累積的界限。

在人民公社時代，中國農村地區曾長期實行工分制，每個生產隊派有專門的記分員對每個人的勞動，包括農業勞動、手工業勞動、運輸業勞動、甚至赤腳醫生勞動、教師等的勞動，按工分進行記載，到年終時再根據生產隊的收穫情況將工分折算為一籃子實物進行分配。對於投資性的經濟活動，比如修建水利設施、道路、開墾土地、植樹，甚至開辦一些小企業等，不是以貨幣來記載新增了多少資產，而是以出了多少工、投入了多少勞動力來記載投資情況和新增資產。

在這樣一套看似簡單實則重複無比的經濟核算體系中，我們更能理解貨幣財富的本質。工分其實就是一種貨幣財富，得到工分的人有權利在年終時獲得相應的酬勞。假如計分員不是每天在帳本上記載各個人的工分，而是每天或每月發給每個人不記名的工分券，分配也不是只在年終時才根據總工分按一籃子貨物進行，而是將各種貨物包括資產都標上價格，每個人隨時、自由選購並隨需求狀況調整價格，那麼這種工分券和貨幣就相差無幾了。

在年終分配時，每個家庭都會獲得和工分對應的一籃子貨物，但工分都會歸零，新增資產則歸屬生產隊所有，也沒有工分。在新的一年開始時，每個家庭都擁有足夠一年消費之需的各種物品，但工分為零。隨著時間的推移，人們的消費品會逐日減少，但積攢的工分會日漸增多。如果我們不是在年終時一次性領取當年的收穫，而是把收穫放到倉庫中，

憑工分和我們的消費節奏領取,則我們持有的工分也可以流通,這些工分就成了貨幣。

要統計某個生產隊每年的收入和新增資產有兩種方法:第一種是按實物進行統計,這就需要統計該生產隊當年出產的糧食、蔬菜、經濟作物、家禽家畜的總量,這些統計中還會包括少量礦產品和工業品。要統計該生產隊新增投資或新增資產時,就需要逐一統計各項新增資產,比如新增灌溉設施、土地、耕作工具、種植的果樹、新開挖的魚塘等,甚至還需統計有多少人接受了教育等。第二種統計方法是按工分進行統計,我們首先需要統計該生產隊的總工分。但沒有人知道5,000分和10,000分有什麼區別,我們還必須統計工分的構成如何、每一工分代表的實物分配權、在總工分中又有多少工分沉積到了新增資產中。這兩種統計方法都足以描述一個生產隊每年經濟活動的規模。在這樣的環境下,我們很清楚工分不是和其他實物財富並列的諸多財富中的一種,而僅僅是其他財富的影像。

在貨幣化市場環境下,貨幣財富的性質和工分的性質是一樣的。對個人和經濟組織來說,除了擁有的各種實物財富外,現金貨幣、貨幣債權都是一種有效的財富類型。但當我們的視野擴展到對整個國家財富的評價時,在整個國家的財富統計中,貨幣財富就會消失。在全球經濟環境下,一個國家擁有的外匯儲備自然是一種有效的財富,但當我們的視野

擴展到對全球財富進行評價時，外匯儲備又將會從財富目錄中消失。道理很簡單，一個國家擁有的外匯儲備不過是他國的一種負外匯儲備、他國的債務，各國外匯儲備疊加必然歸零，外匯儲備僅僅反應了國家間經濟往來的規模而已。

貨幣不是某種先天性東西，貨幣僅僅是現實經濟生活的影像。經濟活動一直持續，貨幣也就需要持續產生。要是錢像某些自然物如煤炭、石油一樣終有耗盡時候，那麼人們早就將錢花光了。不管什麼東西作為貨幣，貨幣只有被用於流通時才被視為貨幣，長期不流通的貨幣就像始皇陵中埋藏的金銀，也像南極洲5,000米深處冰凍的優質天然礦泉水，對我們的經濟生活沒有任何影響。

貨幣財富不是財富，但對個人、企業以及國際經濟環境下的小國來說，累積貨幣財富仍是致富的必要途徑。一些小國累積的外匯儲備能達到和其年總產出價格相比非常可觀的地步。但在整體財富意義上，對一個封閉的經濟體以及對整個世界經濟體來說，將貨幣財富和其他資產羅列出來並排在一起，在財富統計上是一種重複性統計。我們隨時能支配的除了在每一年度生產的物品、新增的財富外，並沒有一種被稱為貨幣財富的額外的東西。

貨幣財富的數量取決於貨幣需求的性質提醒我們，決定一個國家財富的真正的力量，是它的公民的能力、他們的勤勞和智慧、他們所能利用的資源以及他們的經濟和政治組織

方式等。

　　在經濟生活中，人們對貨幣的非財富性質有相當的認同，人們讚同貨幣財富的累積不是最有效的致富途徑，不是要像守財奴那樣把賺到的錢放入存錢罐，而應當將錢用起來，用於投資、用於生產經營活動，甚至借錢來用。當我們說某某富豪有多少資產時，人們並不相信他會有那麼多的現金貨幣，對這些人來說，相對於擁有的總資產，其擁有的現金貨幣總是很少的，甚至還有許多貨幣債務。在當前的中國，現金貨幣即基礎貨幣平均到每一個人不過兩萬餘元，怎能容許少量富人持有那樣多的貨幣財富？

　　既然作為個人，貨幣財富的累積都不是最好的致富途徑，那麼我們又怎能奢望一個國家能依靠貨幣財富的累積致富？靠印製鈔票致富更是南轅北轍。

　　在人民公社制度下，我們要想將自己的工分積攢下來供自己十年後再使用是無法辦到的，因為每一工分享有的農產品在十年後早就變為泥土了。真實的情況是，在分配時有一些人放棄憑工分領取實物時，應計算的工分總值減少後人們會將多餘的產品根據各人的工分再增加分配量。這和貨幣數量減少後，通貨緊縮下單位貨幣購買力增強是同一性質的事情。工分不可積攢性是由農產品的短期儲藏性質決定的，這種性質決定了我們的工分積存是沒有財富支撐的形式上的積存。

在工業社會，產品的儲藏性質和生產的連續性性質也限制著我們的貨幣財富累積，但工業資產的大量出現、工業資產的長期有效性決定了我們貨幣財富累積的界限較之農業社會要高得多。工業生產有著漫長的生產週期，工業資產也有著漫長的有效期。這種生產性質決定了在貨幣自然流通狀態下，我們可以擁有比一年總產出價格更多的有效貨幣財富。在金融業發達的情況下，在貨幣借貸現象廣泛存在時，會產生較大規模的債務，這些債務就扮演著貨幣財富的角色。

§4.3 財富需求

財富是一個範疇。各種財富總是與人們的消費需求相聯繫，但財富不同於消費品。財富猶如阿拉丁神燈。

生之者眾，食之者寡，為之者疾，用之者舒，則財貨恆足。這裡的財富是一個包羅萬象的範疇。在現代社會，舉凡一個人有錢、有珍寶、有土地、有礦產、有企業、有機器設備、有許多商品庫存、有專業知識、有商標、商譽、有營銷渠道等都被視為擁有財富。我們談論財富需求就不得不先說清楚財富是什麼。

從農業時代到工業時代，再到今天的信息時代，各種珍寶一直保持著最純粹的財富形象。為什麼會如此？從產品性

質來講，各種珍寶都只是消費品，除了鑽石、金銀在工業生產中有少量用處，多數珍寶只能用於觀賞和作為飾品。有人會認為價格高昂是某種東西之為財富的理由，但事情並非如此，有些消費品也有著很高的價格，但這些消費品經人們消費后就消失了。和普通消費品相比，各種珍寶都具有幾乎無限的使用期，珍寶也不會因為消費行為而損耗。因此被視為財富的東西都具有較長的使用期限和可多次使用的性質。

在漫長的農業時代，人們最珍視的財富是土地。除了一些尚處於刀耕火種需要不斷遷徙的部落，在世界各地的農業社會中，視土地為財富、視土地為命根子的土地情結是一種普遍現象。我們珍視土地是因為我們需要土地的產出物，糧食、蔬菜、水果、木材等都是土地的產出物。要獲得這些產出物需要我們辛勤的勞作，但離開了土地我們就什麼都得不到。我們直接需要的各種農產品，如糧食、蔬菜、水果、木材等本身反過來却一直未被人們納入財富範疇。除了少數用作建築物、家具的木材有較長的使用期外，糧食、蔬菜、水果一經消費就沒有了。

工業財富、工業資產是工業時代最主要的財富形式，是決定一個國家興亡盛衰的主要因素。我們需要工業財富是需要利用這些財富生產出我們需要的各種工業品，然而工業品本身却一直未被人們納入財富範疇。在一些富裕的但產業結構單一的國家，其民眾會擁有大量高性能的各種耐用工業消

費品，但我們不會認同這些國家就擁有大量的工業財富。我們有時會以工業資產的獲得為終極目標、以資產累積甚至名義資產累積為目標。我們崇尚工業資產的累積，却鄙視工業品的消費，將之視為浪費。我們為了煉鋼，可以把新制的鐵鍋投入煉鋼爐，我們會徹徹底底忘掉我們為什麼需要工業財富，這也是財富之謎。

通常意義上的工業財富或工業資產至少具有一年以上使用期，且可多次使用。工業生產中使用的電力、一次性的工業模具、一次性的輔助工具等，都只會被我們視為生產活動中的某種消耗，不被視為財富。發電站、輸變電設備可長期使用，就被我們視為一種工業財富。資產的使用期限越長，其財富屬性越強。如果一種物品只能一次性使用，除了原子彈這種大東西，我們是不會把它歸入財富範疇的。各種珍寶因有近乎無限的使用期，就由一種純粹的消費品變得像財富一樣。

除了珍寶外，財富一般都不具備直接滿足人們消費需求的功能，財富還必須和其他要素包括勞動結合生產出消費品來滿足人類消費需求。我們直接需要的農產品、工業品都不被視為財富，各種耐用消費品一般也不被歸入財富範疇。消費品一旦生產出來，其歸宿就是進入消費環節直至被消耗掉，其生產由消費需求決定。對於一些在工業生產中被視為財富的東西，如果由消費者直接購買並消費，我們也不再稱之為

財富，進入消費環節的耐用消費品屬於家庭財富的範疇。

　　財富或許就猶如阿拉丁神燈，是能生產出供我們消費之需的東西。阿拉丁神燈本身不是消費之物，當我們的需求得到滿足之后，最好把它擱在一邊。如果在你吃飽喝足以後，它還在你面前繼續不停地冒出各種食物和飲用水，則會搞得你狼狽不堪。阿拉丁神燈不是一次性被使用的，具有較長的使用期限。有了阿拉丁神燈，所有者仍需要勞動以獲得需要之物，比如念一段經文、擦拭幾遍神燈。當然還是需要感謝神燈，因為現在的勞動比以前的勞動輕鬆多了。

　　財富需求。財富需求的核心問題是工業財富的需求。工業財富本質上只是長週期生產活動中表現出來的生產現象，不存在一般性的工業財富需求。

　　我們需要消費品是因為我們需要消費品本身，我們需要財富却並不需要財富本身，而是因為在生產中我們需要用到各種財富。僅憑我們的雙手而沒有財富，各種生產活動都無法開展。這是財富的基本性質，就像我們需要貨幣不是需要貨幣本身一樣，在電子支付系統中貨幣已成為我們看不見摸不著的東西。古老的財富象徵，如各類珍寶包括作為財富珍藏的貴金屬，其商品性質和需求性質和普通消費品沒有多少區別。具有永久性和不可增加性的土地財富的需求，受多種制度性因素影響。現代社會最重要的工業財富，其需求性質的重複主要是由工業生產的重複性和工業技術迅速發展的性

質決定的。

　　在滿足人們消費需求的性質上，各種珍寶僅僅是一種有無限存續期且可多次「消費」的消費品而已。在珍寶交易市場中，雖然參與者極少，但這個市場足以調節好其消費需求。對於一些文物性質的珍寶，現代社會更傾向於將這些珍寶作為社會共同財富放到博物館中。珍稀性決定了珍寶都只在少數富人之間流轉，其流通既不增加也不減少社會財富。珍寶的價格高昂往往是收入懸殊的結果。我們無從解釋和氏璧為何值15座城池，但搞清楚和氏璧值15座城池還是一百座城池是一件毫無意義的事情。

　　在農業時代，土地大多具有非賣品性質，由其所有者世代持有。但少量的土地買賣始終合法地存在著，據說在一些時候土地價格等值於其20年的產出物價格。居住和耕種是農業時代土地的主要用途。在工業時代，採礦業、製造業、交通運輸、城市建設都需要占用大量的土地。土地成了和勞動、資本並列的生產要素。土地的需求和土地的價格當然受市場因素的影響，在土地資源在各種需求間分配的時候，市場機制還起著最重要的作用。但土地的需求、土地的價格還受多種社會因素、制度因素的約束，這種約束從古到今都一直存在。這是一個很古老的經濟問題了。在工業時代，對於土地制度的不合理和土地價格的高昂，對現代經濟發展的桎梏，人們早已闡述得非常清楚了。

在財富需求問題中，核心的問題是工業財富或工業資產的需求問題。在各種財富中，唯有工業財富可以持續不斷地增長，這就給我們提出了財富新問題：我們需要累積多少工業財富？工業資產的累積不像其他財富的累積，我們可以持一種多多益善的態度，工業資產的累積不足和累積過度都會導致嚴重的經濟后果。工業資產累積的最終目標是將其用於工業生產，生產出工業品以滿足我們的消費之需。這種性質決定了工業資產只有通過后續的生產活動和產品銷售才能實現其價值。

工業資產的累積和通俗意義的投資略有差異。投資有多種含義，在價格低廉時花錢購買一批珍寶再在價格上漲后賣出去是一種投資，購買企業、股票是一種投資，花錢學習、進修也是一種投資。但工業投資、工業資產累積主要是指工業資產的生產，這種生產或累積或者用於補充生產中的資產消耗，或者新增各種有形和無形的資產包括廠房、生產設施、設備、機器、儀表等，也包括生產技術、管理技術等。工業資產累積的最終目標是形成預定的某種工業品生產能力。

在勞動密集型企業中，使用的工業設備較少、技術相對簡單，其工業產品產值中員工工資占據較大比重。在資金密集型企業中，工業設備往往非常重複、價格高昂，其工業產品產值中員工工資僅占很小比重。在技術密集型企業中，重複的技術研發工作是工業增加值的主要來源，其資產的主要

構成是專利技術和技術秘密。對不同產業領域的企業來說，同樣的年產出規模對應著極不相同的資產需求。這種差異在整個社會層面、國家層面也是存在的。對一個國家來說，產業結構不同，經濟發展階段不同，對工業資產的需求也就不同。

一般來說，在工業生產中商品生產週期越長，同等規模的總產出價格就需要更多的工業資產累積。像衛星導航系統、核電站這樣的工業產品與服裝、鞋類等工業品相比有著漫長得多的生產週期，同等規模的產出也就需要多得多的資產累積。在農業生產中，也有一些生產活動有著長週期性質，比如果樹種植、普洱茶種植、酒的窖藏等。在普洱茶種植區甚至還有爺爺種茶孫子賣的說法，但是在這些生產過程中，生產只是一個自然過程，這一過程並不需要或只需極少的持續投入。在工業生產中，在長週期的工業生產過程中往往需要持續不斷的投入，這種投入只能以資產形式積攢起來。因此工業財富、工業資產本質上只是長週期工業生產活動中表現出來的一種生產現象，這種性質決定了不存在一般性的工業資產需求。

在工業資產的需求問題上，人們有兩種答案：一種答案是從利息、利潤的角度來回答的，另一種答案是從收入水平的角度來回答的。

在投資活動中，利潤是投資的根本驅動要素。但在充分

的市場環境下，各個工業生產領域的投資利潤總會趨於零。至於利息水平，充分的市場競爭也會使金融業利息水平僅夠補償經營成本，包括壞帳損失。經濟發展到均衡階段后，我們仍然需要大量的重置投資，重置投資的規模與總產出相比取決於生產的性質。我們都清楚產業的性質不同，同樣的利潤水平需要的投資是不一樣的。至於經濟發展過程或發展速度則是一個動態概念，是大躍進式的發展還是平穩的發展取決於多種因素，其與現有產業體系各領域利潤水平的關係是重複的。

生活經驗告訴我們，多數人在收入提高后都會有更多的儲蓄、有更多的邊際儲蓄。但我們也看到，有許多人在收入提高后多存錢只是為了購置某種消費品，積蓄幾年后不但會把積蓄全部花光，還會背上債務。西方發達國家和中國相比，消費者有著高得多的收入，但其儲蓄占收入的比例比我們要低得多。世界主要國家在工業化發展初期，都有過大規模的工業資產累積，但這種現象仍然是由生產的性質決定的。沒有哪一個國家的工業資產可以無限累積，在工業化基本完成后，世界主要工業化國家的國民收入中，工業資產累積占的比例都出現了下降。

§4.4　工業財富的基本性質

　　工業技術的迅速發展是工業生產最基本的性質，工業財富資產價格由此也表現出不穩定性和快速貶值的性質。工業品的普通消費品性質和工業財富無限增長的性質。

　　在工業革命帷幕正式拉開之前，一些工業品如瓷器、鐘表、玻璃製品、眼鏡等就已暢銷全球。但這些都沒有導致人們財富觀念上的根本性改變，重農抑商的傳統仍根深蒂固，中國的重農抑商導致了最終的閉關鎖國，法國的重農學派則是農業文明財富觀的最后抗爭。以礦物燃料為動力的蒸汽機的出現，才最終為農業文明財富觀畫上了句號。我們可以視鐘表、眼鏡為奇技淫巧，但再也不敢藐視鐵甲艦了。在工業時代，工業生產取代農業生產成了最重要的生產部門，不斷湧現的產業革命成了主要的經濟現象，工業技術的迅速發展成了工業生產最基本的性質。

　　什麼是工業？蒸汽機、鐵路、輪船、汽車、飛機代表著工業，電話、電視、冰箱、洗衣機代表著工業，電腦、信息技術、互聯網、宇宙飛船也代表著工業。離開了現代工業，我們甚至不能像古人那樣再過傳統的生活，因為那種生活需要的自然環境、技術已不復存在了。離開了現代工業技術，

我們幾乎什麼也干不了。對於高溫、高壓及危險環境，我們只能敬而遠之，我們不能憑藉體力像古人那樣用投石機把宇宙飛船發射到月球上去。借助計算機，對於在20世紀50年代需要頂尖科學家花費數月時間才能搞定的技術工作，普通人使用家用電腦在數秒內就可搞定了。

在工業時代，農業也得到了迅速發展，化肥和農藥的使用、農業機械的推廣、新的農作物培育技術都大大提高了農業生產能力和農業生產效率，其價格有了很大的下降。根據農業勞動力占人口比重來推算，在一百多年時間內，許多發達國家農業生產效率有了一二十倍的提高。這種變化導致了經濟結構的顯著變化，導致了工業化和城市化，但這種發展與工業的發展相比還是小巫見大巫。在一二十年甚至更短的時間內，工業生產效率數十倍地提高屢見不鮮。和農業發展幾乎不改變產品性能不同，工業品性能的提高和新產品的出現是工業發展的主要標誌。在信息時代，電子產品包括電腦的價格以前所未有的速度下降。美國最早的計算機重達數十噸，占據一棟樓的空間，但其性能遠不如現在的智能手機。早期計算機價格則數百倍甚至數千倍於現在同等性能的計算機價格。

與工業技術的迅速發展和工業品價格的快速下降相對應，工業財富資產價格由此也表現出不穩定性和快速貶值的性質。除了有形折舊外，無形折舊是工業資產的主要消耗途徑，一

些工業資產甚至在形成之初就會因技術發展和市場環境的變化而被廢棄。在現代工業社會，工業資產雖然重要，但我們要像古人珍藏珍寶一樣珍藏工業資產却是一件滑稽的事情。某種工業資產一旦形成，其使命就是如何被有效地利用起來，盡快實現其價值。在工業領域沒有永動機，也沒有永遠的工業財富。

不管工業產品的重要性如何，從消費性質來說其屬於普通消費品，屬於不存在需求下限的消費品。工業品需求不像農產品那樣存在明顯的需求下限，甚至還不像鹽的消費那樣，消費者在收入很低時也會有需求。工業品消費在人類消費需求上是屬於增量性質的消費，其價格過於高昂時消費者都可以選擇放棄消費。

這種性質使得每一種新的工業品在出現之初都是以奢侈品的形式出現的。但除了極少數情況，工業奢侈品只能在很短時間內維持高價格。在各種商品價格定價上，工業品享有最充分的自由定價權。經驗告訴我們，完全不用擔心這種自由定價對經濟發展的負面效應，即使在完全壟斷條件下，廠商因追求利潤最大化也不會把價格定到消費者不能承受的地步。只要不是法律上的絕對壟斷，市場機制都有足夠力量促使商品價格下降到其合理的程度。

和珍寶、土地等財富具有數量上的穩定性和有限性不同，整體意義的工業財富在數量和種類上都有非常大的增長空間。

在農業時代，土地數量的增長和農作物產量的提高都是非常緩慢的，因而土地問題一直都是一個突出的社會問題，土地財富的「分配」是最重要的問題。但工業財富的性質不同，由於其數量和種類無限增加的性質，工業財富最重要的問題不是分配而是累積問題。

企業資產，企業資產評估。投資者是企業資產的實際購買者，也是出價最高的購買者。某種企業資產總價格的一般性下降的性質。

在整個商品市場上，有許多商品屬於生產資料，只在工業生產中才有需求，這些商品存在發達的交易市場。當我們把這些產品視為資產時，其市場價格就是資產價格。但現代社會最重要的工業資產是企業資產，是由人、財、物有機構成的企業資產。企業資產交易市場即產權交易市場通常都不發達，交易頻次較少，企業資產價格往往不能經由市場交易得到，而只能經由資產評估得到。企業資產需經由生產經營活動實現其價值的性質決定了在企業資產評估中收益原則的決定性意義，但企業資產存續時間通常都很長，其收益受到多種不確定因素的影響，因此企業形成成本和重置成本是企業資產評估的重要參考。

在工業品生產中，生產商是根據企業生產狀況和預期市場需求安排生產的，許多風險性較大的產品只有在最終消費者提出訂貨要求後才會開始生產。在這種情況下，企業仍然

存在較大的經營風險，面臨產品銷售的風險，消費者取消訂貨的情況也屢見不鮮。和工業品的生產相比，工業資產的生產或者說工業資產的累積面臨著大得多的風險，無論是新建企業還是企業產能的大規模擴張，都面臨巨大的風險。人們在投資時會花大量的時間進行可行性論證，但這種論證只能減少而不能根除投資的風險。

通過投資形成企業資產，再靠出售企業來盈利，這不是投資活動主流的模式。在工業資產的累積上，投資者是企業資產的購買者，也是出價最高的購買者。從整體上看，投資者還是企業資產的唯一購買者。除了投資者本身外，我們這個社會並不存在額外的對這些工業資產的購買力。投資一旦失敗，依靠出售企業資產是無法解決債務問題的。

在經濟生活中，一個人要是能在數月甚至更短時間跨度內正確預測到某種商品價格的變化就足以被稱為商業天才了，我們要評估某個企業資產價格，需要考慮的時間跨度是數十年。除了影響商品價格的各種市場因素的影響外，企業經營管理、經營策略也會影響企業資產價格。因此企業資產價格的預測風險是無法迴避的。在企業資產累積問題上，投資不足或投資過度都是很普遍的現象。在這個事情上，我們能做的是努力減少風險而非根除風險。

物以稀為貴，對於每種工業資產，隨著其資產總量的上升，單位資產價格的下降是必然的。不但如此，到了某種數

量水平后，該種資產的總價格還將下降。如果僅僅是以資產總價格來衡量，多總比少好是不成立的。

假設某種企業資產的數量和對應的工業品產量存在線性關係，在這種情況下我們可以由工業品的需求曲線推導出企業資產數量和企業資產總價格的關係。假設商品需求關係為 $Q = -kP + b$，企業資產數量 Qc 和商品數量 Q 的關係為 Qc = αQ，則企業資產總價格如下：

$$P_c = PQ = \left(-\frac{Q}{K} + b\right)Q = -\frac{Q_c^2}{\alpha^2 K} + \frac{bQ_c}{\alpha}$$

以企業資產數量為橫坐標，以企業資產總價格為縱坐標，這一曲線用圖形描述，如圖 4.1 所示。

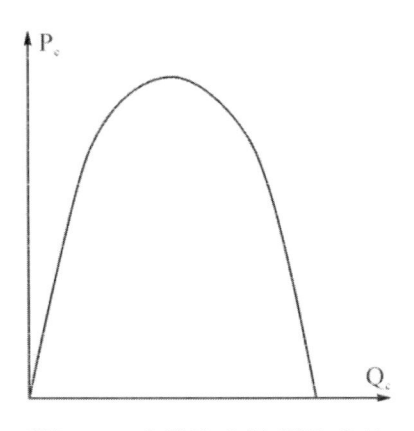

圖 4.1 企業資產總價格曲線

工業產能過剩問題。生產能力超出人們最低消費需求是人類社會的普遍現象。產能過剩帶來的工業資產價格的大規模重估問題。

和工業社會初期相比，直接的大規模商品生產過剩出現的概率已經大大降低了，但產能過剩、過剩產能的大規模廢棄仍是很嚴重的經濟現象。無論是直接的商品生產過剩，還是產能過剩，都是工業時代頗受人詬病的一種經濟現象。早期工業時代的童話講述了一個美國煤礦工人的孩子曾在寒冷的冬季問自己的母親為何不生爐子烤火，母親回答說沒有煤，因為父親失業了。為何失業？是因為煤生產得太多了。在中國歷史上「朱門酒肉臭，路有凍死骨」也是很常見的現象。但在人類歷史上，生產能力超出人們最低消費需求是一種普遍現象，這是文明發展的經濟基礎。在農業時代，人們對生產過剩有另類的解釋。老百姓有吃不完的糧食，政府有花不完的錢，糧倉中的糧食發霉了，錢庫中穿錢的線朽爛了，這種生產過剩不是被視為一個大問題，而是被視為繁榮的象徵。

在現代都市生活中，我們要想追求各種公共設施的滿負荷運行是不現實的，各種公共設施必須有一定的能力閒置。一個城市的公共交通系統僅僅只是在上下班高峰期擁堵不堪，也會受到人們的強烈指責。要消除這種擁堵，我們必須付出的代價是，在其餘時間公交運輸能力大規模閒置。在經濟發展程度較低的時候，人們寧願承受這樣的擁堵，但在收入提高之後，人們更願意以這種閒置換來上班高峰期的清閒。經由市場，我們可以在這兩者間找到平衡點。其他城市公用系統，如供水、供電、供氣、醫療、緊急救援，都需要滿足城

市需求高峰段的需要，而在多數時間處於能力閒置狀態。

對於旅遊城市來說，在旅遊旺季旅館爆滿的情況下不能滿足消費者需求，顯然會大大制約當地旅遊業的發展。要滿足人們在旅遊旺季時的基本住宿要求，在淡季，旅館就必然有大量的閒置，據說對旅館業來說，平均有 50% 的入住率就是很不錯的經營業績了。現代最重要的動力源是電力，由於各種週期性的要求，如季節的氣候變化、白天和夜晚電力需求的不同，水力發電、風能、太陽能的週期性，都要求我們具備超出需求高峰段的發電能力，普通火電廠平均年發電時間能達到 4,000 多小時就比較合理了，一年 365 天的理論發電時間可達到 8,000 多小時。

只要不是工藝要求必須 24 小時連續生產，多數工業企業的生產都是時斷時續進行的，或者是長白班，或者是兩班制。多數工業企業在深夜、節假日都會停止生產，我們並不在乎這樣的產能閒置。

洗衣機、電視機、電冰箱等家用電器有二三十年甚至更長的使用壽命，要使這些產業也呈現出年復一年的循環特徵，或者平穩有序地發展，則每年生產的產品數量必須限定在家庭數量的二三十分之一才行，這樣歷時二三十可以滿足所有家庭的需求並開始替換生產。但在中國，家用電器的普及從 20 世紀 80 年代初開始，只經歷了十年左右的時間就得到了實現。

在農業生產中，生產的季節性是非常鮮明的，人們只在一年中的少數特定時間從事生產活動，而在其余時間却無所事事。在農產品豐富的情況下，輪耕也會成為我們的一種選擇。對這些，我們都習以為常。

在產業革命發展之初，新興產業必然有高額的利潤，一窩蜂式的大規模投資是一種常態。沒有這種大規模的投資，新興產業固然可長期維持高利潤，但長期的投資短缺對整個社會來說是一種更大的經濟損失。只要投資沒有達到某種臨界點，沒有明顯的產能過剩，投資都將持續增長。只有當工業產能過剩發展到一定程度，資產價格大規模重估有必要的時候，新增投資才會停止下來，但這時經濟危機往往也就來了。工業品的需求性質和工業技術迅速發展的性質決定了這樣的資產總價格下降及資產價格大規模重估是難以避免的。在某種意義上資產價格大規模重估也可理解為符合需求關係的活勞動和固定資產交換比例的調整。這種調整當然是非常有意義的事情。我們可以想像，工業化國家如果沒有經歷過經濟危機的洗禮，所有工業資產價格仍保持在原來的價格水平，擁有各種老式工業資產的人仍擁有同樣的資源支配權和勞動力支配權，則我們面臨的就不是經濟危機了而是社會危機了。

人們喜歡列舉在某次經濟危機中社會損失了多少資產，但我們還應該看到這種危機並不直接摧毀一個社會的物質財

富。對直接遭受危機的人來說，損失是巨大的和不可彌補的。但某個企業破產了，其廠房、機器、設備、技術、人員都還在那裡。經由破產處理后，企業債務將會消失，債務的消失會為產品價格的下降提供空間。如果該企業生產的產品降價后仍然沒有市場需求，說明企業本來就應該被關閉。如果該企業生產的產品降價后有市場需求，那麼總會有新的接盤者繼續經營下去，以較低投入接手企業的投資者不但會維持生產，甚至還會擴大生產，以更低的價格為社會提供產品。在這樣的危機中我們得到的是對各種經濟關係的良性調整。企業資產價格體系的崩潰，包括企業債券和股票變得一文不值，不會摧毀企業的各種實物資產，包括人力資源，摧毀的只是企業資產的貨幣影像，這種影像本就是水中月、鏡中花。

5　儲藏需求

§5.1　儲藏，物品的自然儲藏期，儲藏技術和儲藏職能

動物越冬的儲藏。最初的儲藏行為延長了自然物的保質期、提高了物品利用水平，增強了人類適應環境的能力。法老的夢

地球的自然環境決定了許多地區都存在漫長且食物匱乏的冬季，一些地區有雨季和旱季之分。一年生植物多數在夏季和秋季開花、結果、凋謝，只有極少數植物在冬季開花。多年生植物在冬季也會枯萎、生長緩慢。這種季節性導致了冬季食物的匱乏，大批動物也因之死亡。各種動物、鳥類、昆蟲的越冬方式多種多樣，昆蟲以卵的形式過冬、蠶和一些

昆蟲靠編一個繭把自己包起來越冬、候鳥靠遷徙來越冬、蛇和許多動物靠冬眠來度過漫長的冬季。不冬眠的動物在冬季除了減少活動外，還需要花費加倍的努力尋找食物。

大多數動物在找到食物后會直接將食物消耗掉，接下來再尋找新的食物，只有少數動物才有儲藏食物的習性。在大型動物中，食草動物如牛、羊、馬等沒有儲藏習性。野生的食草動物在冬季會有較高的死亡率，幸存下來的依靠枯草、草根度過冬季。食肉動物如獅子、老虎等也沒有儲藏習性，這些猛獸捕獲獵物后短期食用不完的動物屍體就變為腐肉，成為腐食動物的食物來源。在冬季尤其是在災荒年景的冬季，許多動物都會成群死亡。

為滿足越冬的食物需求，一些動物養成了提前儲藏食物的習性。在整個自然界，只有極少數動物，如螞蟻、老鼠、松鼠、蜜蜂、喜鵲、狐狸等，有儲藏食物的習性。大型動物中只有獵豹在捕獲獵物又食用不完的時候會將獵物掛於樹上風干以保存更長時期。和自然界這些動物的行為相比，原始人類在很早就養成了儲藏食物的習性。早期人類生活在氣候適宜、食物來源充足的熱帶地區，儲藏食物不是必需的事情。但當人類活動擴展到溫帶、寒帶時，其儲藏習性不但已經養成，儲藏技術也達到了一定的程度。數萬年前原始人類四處擴張、遍布到全球已經是人類文明發展到一定程度的事情了，也是儲藏技術相當發達之后的事情了。人類要從熱帶地區遷

居到溫帶、寒帶地區，食物儲藏方法、儲藏技術是必需的，只有依靠大量的食物儲藏，人類才能度過了漫長的冬季。

各種食物包括肉食、魚類、水果、植物果實、塊莖，如果沒有最基本的儲藏措施，在自然環境下都只有很短的保質期。人類要依賴這些東西生存，只有在自然物豐富的情況下才有可能。人類要移居到自然條件極不相同、季節性很強的地區，大量的食物儲藏是必不可少的。食物儲藏之於人類，滿足了人類在溫帶、寒帶越冬的食物需求，使人類在更廣闊的地理區域生存成為可能。在植物果實的採摘和原始農業生產中，如果不能在收穫季節及時收穫作物並妥善儲藏起來，那麼收穫是沒有意義的。孤島上生活的魯濱孫花了大量的時間來保存糧食，在作物成熟后如果不及時收割並妥善保管，那麼幾場雨下來就會將收穫化為烏有。

儲藏行為之於人類，延長了自然物的保質期，提高了物品的利用水平，發達的儲藏技術還是農業產業產生的基本前提。在歷史上，所有農業民族都需要花大量時間修建倉庫並儲藏足夠的糧食，遊牧民族則需要冬季牧場並為牲畜過冬準備足夠的草料。儲藏行為不但滿足了越冬的需求，使人類能度過漫長的冬季，而且在時不時光顧的災荒年景中還幫助更多的人度過了饑荒。

國無三年之儲，謂國非其國。在農業社會中，糧食儲藏可以說是頭等重要的事情。無論是民間，還是政府，都會花

大量精力修建糧食儲藏設施。儲藏在一些地區甚至成了國家層面的制度，比如中國的常平倉制度。

在世界各地的民間傳說中都有許多因有充足的食物儲藏而使人們度過災荒年景的故事。在這些傳說中，沒有一個故事比古埃及法老的夢更富有傳奇色彩了。據說在幾千年前的古埃及時代，有一天一個埃及法老做了一個夢，他夢見自己站在河邊，有七只母牛從河裡上來，又漂亮又肥壯，在田野中吃草。隨后又有七只母牛從河裡上來，又醜陋又干瘦，與先前的七只母牛一同站在河邊。這又醜陋又干瘦的七只母牛，吃盡了那又漂亮又肥壯的七只母牛。這個時候，法老就醒了。接著法老又睡著了，做了第二個夢，夢見一顆麥子上結了七個麥穗兒。隨后又長了七個麥穗兒，細弱且被風吹焦了。這細弱的麥穗兒吞吃了先前七個又大又漂亮的麥穗兒。

約瑟向法老解釋說：兩個夢是一個夢，七只又漂亮又肥壯的母牛代表七年，七個好麥穗兒也是代表七年；又醜陋又干瘦的七只母牛和細弱且被風吹焦了的七只麥穗兒還是代表七年。埃及遍地迎來七個大豐年，隨后又要來七個荒年，饑荒會非常大以致使人們忘記了那先前的豐年。

在法老的夢的啓發下，古埃及人民在生活富足、風調雨順的和平年代開始大規模儲備糧食，每年將收穫物的 1/5 都用於儲備，七年時間累計需要多儲備一年多的收穫物。這樣的儲備水平遠遠超過了現代糧食安全儲備水平，超過整個農

業文明時代絕大多數地區的糧食儲備水平。以現在的生產力水平，要維持這樣規模的糧食儲備，也是一件耗資巨大、耗時漫長的工程。以古埃及的生產力水平，維持這樣的糧食儲備可以說是傾國之力了。在如夢而至的大饑荒中，這樣的儲備挽救了許多埃及人的生命。

物品的自然儲藏期。儲藏技術。現代儲藏技術的發展已提供了少數人依靠儲藏物維持長期生存的可能。

在自然環境下，各種農產品和畜產品，尤其是食品類如各種肉類、魚、糧食、水果、蔬菜等，都只有很短的保質期。採摘后的蔬菜、水果如果露天放置，幾天后就會干枯、腐爛；不加採摘任其生長，同樣也會很快干枯、腐爛，蔬菜會凋謝、水果會掉到地下。儲存在干燥的環境下，也只是稍稍延長其食用期。塊莖類植物如土豆、紅薯成熟后可以在地裡儲藏數月。對於各類主糧如水稻、小麥等，如果不及時對其收割，趕上下雨時節，幾天時間內收穫都可能會化為烏有。對於肉類、魚，如果不採取任何措施，除了在寒冷地帶，都只有幾天的保質期，在熱帶地區氣溫高的時候幾小時后就會變質。某些農產品如棉花、亞麻以及木材製品，在干燥環境下有長一些的保質期，但也需要採用多種手段如防蟲措施才可保存較長時間。

在自然環境下，只有少數食品如某些酒類、某些食醋、糖、鹽等，有很長的保質期。鹽有幾乎無限的食用期，某些

酒類、醋儲藏得越久口味就越好。

　　食品類物品的自然保質期的短暫是由農產品、畜產品的生命體性質決定的，這種性質導致了食品類物品需要有較為苛刻的保存環境且只有較短的保質期。作為人造物的工業品大多不具有生命體性質，可以在許多極端環境下正常運轉。工業品不像農產品那樣強調保鮮期、保質期，一些工業品如塑料、核廢料還有令人煩惱的漫長的自然降解期。但工業品通常也有使用壽命，有使用環境的要求，要維持其正常使用功效也需要採取多種措施，如防銹、防塵、密封、溫度、潤滑等，有些工業品如傳統的電子計算機對環境還有很高的要求。對於大多數工業品，在生產出來以后都不能隨意露天擺放，而必須將其搬到倉庫中並採取必要的保護措施。

　　在現代工業出現以前，人類就已經發明了許多儲藏物品尤其是食物的方法。採用傳統的干燥、密封、低溫、腌臘、風干等措施，已大大提高了各類物品的食用期、保質期。某些蔬菜如木耳、蘑菇、笋，製作成干貨，可以保存兩三年；肉類、魚採用腌臘、風干等儲藏手段，可以保存數年。主要的食物如糧食的儲藏已發展到較高的水平，採用古代的糧食儲藏技術，普通的糧食可以有兩三年的保質期，長的甚至可達 5 年，谷子的最長保質期甚至可達 9 年。

　　現代工業提供的冷凍、冷藏及罐裝技術，更大大提高了食物儲藏期。採用現代罐裝技術，食物儲藏期可以很長。普

通罐頭至少需要有一年半至兩年的保質期。在發明現代罐裝技術的法國，曾發現100多年前生產的罐頭仍能夠食用。我們需要的食物，如蔬菜、水果、糧食、肉類等，都可以制成罐頭在自然環境溫度中保存起來，其食用期是很長的。

現代儲藏技術的發展已提供了少數人依靠儲藏物維持長期生存的可能。在極地探險、航天探險活動中，我們都需要為探險人員提供能儲藏足夠長時間的物品。在未來的月球探索、火星探索中，我們為極少數人提供多年消費之需的物品的能力現在是具備了的。

儲藏職能。現代世界性商品市場已經嚴重依賴於發達的儲藏技術，但儲藏最本質的職能是應對未來不虞之需。

最初人類將獵物、糧食等食物搬回藏身的山洞可能只是為了保住自己的勞動成果，不讓這些成果被其他競爭對手包括鳥類、獸類及其他人竊取。食物在干燥環境下表現出的長期可食用性及人類對儲藏物依賴的加深，使得儲藏技術逐漸發展起來。儲藏技術首先是大大提高了人類對自然物的利用水平，這種能力對農業的產生和發展是極為重要的。各種農作物都需要及時收割並被妥善保存起來，如果任其在田野中自生自滅，只在其成熟時直接採摘食用，農業生產能為人類帶來的好處是極少的。沒有必需的儲藏手段，農業產業根本就發展不起來。

除了越冬的食物儲藏需求，農業生產的週期性也使得人

類越來越重視食物的儲藏。在中國傳統農業生產中，以 10 年為一個週期，一般有三個豐年、三個歉收年和四個平年，這種週期性在現代農業生產中仍然存在。每過一定時期，大規模的自然災害如水災、旱災也會發生。像 20 世紀 50 年代末期的自然災害、1998 年的洪災及前幾年雲貴地區的旱災等自然災害，在古代社會是司空見慣的。先進的儲藏技術、充足的糧食儲藏，都可幫助人類應對這樣的災荒。

早期的儲藏職能就是提高自然物的利用水平，滿足人們越冬的要求，幫助人們度過各種由自然界災害引發的饑荒。

現代世界性商品市場已經嚴重依賴於發達的儲藏技術，離不開發達的儲藏技術了。在今天，中國消費者可以在超市中購買到來自世界各地的食品。在日常生活中，人們食用的糧食、蔬菜、水果、禽蛋、肉類、魚類等物品有很大比重都並非本地出產物，而是從全國各地運來的。沒有發達的儲藏技術，我們很難設想普通的商品如糧食、肉類可以經由漫長的海路從遙遠的地方運來而仍具有市場競爭力。未經儲藏的食品，在人們消費需求中所占的比例已日漸下降。沒有發達的儲藏技術，我們要想在世界範圍實現如此程度的分工與合作是不可想像的。

工業品雖然不像生命體性質的食品那麼脆弱、那麼需要細心呵護，其儲藏環境比食品要簡單一些，但工業品的儲藏也需要採取多種如防銹、防塵、密封、溫度、潤滑等措施，

一些危險化學品儲藏不當的后果還非常嚴重。工業品的儲藏除了一般性商業庫存外，其變動主要是由工業生產的週期性決定的。

在世界性市場環境下，現代儲藏和儲藏技術的重要性和不可或缺性使我們在思考儲藏問題時，首先是從商業角度、商業庫存的角度來開始。除了這些理由，似乎就沒有什麼儲藏的理由了。儲藏在過去長期表現出的最本質的職能即應對未來不虞之需已逐漸被人們淡忘了。世界性市場的形成，使得一般性、局部性自然災害的影響不再那麼令人恐懼了。印度洋上一個島國發生淡水危機時，可以用飛機將水從萬里之遙的中國運過去。

在我們重視儲藏的商業職能的同時，在強調儲藏的經濟意義的時候，儲藏最本質的應對未來不虞之需的職能並未被我們完全遺忘，儲藏意義的思考仍影響著我們。在國家糧食儲備和國家戰略石油儲備中，在一些重要的礦產資源的戰略儲備中，我們仍能依稀體會到儲藏的本質職能。

§5.2　現代工業生產的連續性性質

連續性生產是現代工業生產的主要特點之一。停止一切生產活動，哪怕持續時間很短，對現代都市社會來說都是不

能承受之重。

和農業生產有鮮明的季節性不同，連續性生產是現代工業生產的主要特點之一，這種連續性是由各種技術因素決定的。在石油和天然氣開採、冶金、化工、電力及許多流水線作業方式生產的行業，其生產都必須24小時連續進行。冶金企業、化工企業、電站的停產和大修對企業來說是大事情，要間隔數月甚至數年才搞一次。石油和天然氣開採的連續性是由油氣田的持續壓力決定的；冶金、化工生產的連續性則和設備性質有很大關係，經常性停產會嚴重縮短設備使用壽命；電力生產的連續性則是因為電力無法儲藏。我們所有的電池、蓄電池所能儲備的電能，與我們需要的電能相比是微不足道的。

在工業生產中，會使用到許多有毒、有害或有放射性的物品，對於這些物品人們都不願意大規模儲存，只在需要的時候才生產出來並快速消耗掉。儲藏這些物品就像儲藏定時炸彈一樣，讓人膽戰心驚。各種重複的工業設備尤其是大規模綜合性成套設備，在使用時需要定期維護、檢修，產生有形折舊。但這些設備在生產出來並安裝調試好後被我們閒置在那裡，設備的維護將更加困難。

現代儲藏技術向我們展示了人類長期依靠儲藏物生活的前景，就像在極地生活、太空探索中那樣。但在現代社會，我們卻更加依賴連續性生產，依賴年復一年、日復一日的勞

作。作為個體和家庭，我們獨立應對環境、維持生存的能力還降低了。沒有持續不斷的生產活動，現代社會甚至較古代社會生存的時間更短。因為我們的糧食儲備比古代少了，家中的水缸也比司馬光家裡的水缸要小，在我們周圍，野菜和天然水源也幾乎沒有了。

在發達國家，從總產值、從業人數、居民消費支出來看，第三產業都占據最重要的角色。但勞務產品是完全不可儲藏的，因為人們的需求不可預支。一個人可以在年輕的時候就將自己想去的旅遊景點都遊覽一遍，但一個人能將自己主要在年老後才患的病都在年輕時就生了、把自己要吃的藥預先吃了，而年老後就不再生病了嗎？勞務不像普通商品，可以先生產出來，再在需要時消費，勞務的生產和消費必須同時進行。在主要的人類經濟活動領域，生產和消費的性質如此，我們又怎能離開連續性生產？

停止一切生產活動，哪怕持續時間很短，對現代都市社會都是不能承受之重。停止了一切生產活動，城市和周邊地區的聯繫將會終止而成為一座孤島。政府關門了，警察不執勤了，犯罪人員的狂歡節就到了。沒有了電，城市的夜晚要比鄉村恐怖得多。沒有了環衛工和垃圾運輸車，幾天時間城市就會被腐敗、污濁的空氣籠罩。醫院關門、藥店停業，老死的、患病死的、遭受意外災難的人都只能在自然狀態中死去並擺放在那裡。行駛的公交車會在半途停下，私家車也會

因為無處加油而停駛，散處城市的人員要想回家是個大問題，數十千米的徒步路程，可能讓行走者因路途中買不到飲用水而倒斃。如果真有那麼一天，那就只能說是世界的末日到了。

在傳統的消費領域，比如農產品消費領域，隨著儲藏技術的不斷發展，我們是否能依賴儲藏生活？在許多發達國家，一個農民一年可以生產出能滿足上百人消費之需的糧食。在中國，少數糧食種植大戶也能生產出同樣多的糧食。但我們是否可以假設人類可以在某一些年份多生產糧食儲藏起來而在未來若干年比如三五年停止糧食的生產？像美國這樣每年有大量土地休耕、有糧食出口及有農業生產潛力的國家，要想在三五年時間內停止糧食生產同樣是無法做到的。

現代發達國家展示的農業生產能力上的多余在某種意義上只是一種假象。雖然在整個社會勞動投入中，農業勞動只占據很少的比例，但由於作物生長的生物性質、耕地數量的限制、灌溉用水和溫熱條件的限制，加大勞動投入帶來的預期收益總是較少的。我們無論做出怎樣的努力，都難以保證地球上的土地能間隔一年休耕一次。現實經濟生活展現的景象是糧食總產量那麼大的波動，比如全球性 10% 的糧食減產，都會引起社會的巨大震動，引發糧食價格的劇烈變化。我們無法迴避的一個事實是，隨著糧食產量的提高，全球人口也在不斷增長，人類社會從來不曾具備僅僅依靠糧食儲藏滿足若干年消費需求的能力。

對於大多數農產品如蔬菜、水果、肉類、牛奶、禽蛋等，雖然可以採取各種措施提高其保質期，但這種儲藏都會程度不同地損害其營養成分。科學研究的結論和人們的生活經驗都提示我們，新鮮的產品有著更高的營養價值，有更高的產品價格。離開了連續性生產，我們無法獲得新鮮的蔬菜、水果、肉類、牛奶、禽蛋等農產品。人們寧願年復一年的勞作以獲取這些新鮮的物品，而不願在一些年份拼命工作而在一些年份遊手好閒地坐享其儲藏品。

儲藏的高昂成本和世界性市場的形成降低了儲藏的意義。國家糧食儲備和戰略石油儲備。

世界性市場的形成、商品流通環節的增加、銷售距離的擴大和銷售週期的延長都對物品的儲藏提出了很高的要求，無論是儲藏技術還儲藏規模都有了很大的發展。但在這同時，儲藏的高昂成本和世界性市場的形成，又使得儲藏在普通消費者心中的意義降低了。生活經驗告訴我們，與其儲物，還不如存錢，儲物是商家的事情。

在現代社會，民間儲糧現象幾乎已經消失，不僅城市居民家中只有極少量的糧食儲藏，許多城市家庭的糧食儲藏僅夠數天之需，農村居民家中的存糧也較過去大大減少了，一些地方農村居民家中的存糧已降低到了和城市居民家中存糧規模相當的程度。商業的發展已使得儲藏成為一種專門的產業，依託大規模儲藏的成本優勢和先進的儲藏技術，從事實

物儲藏的商人有利可圖。在倉儲和物流業發達的今天，對消費者來說，不再需要儲藏貨物而只需積攢錢就足夠了。即使預期到商品價格會上升，比如糧食價格、肉類價格會上升，人們也不會為此而大幅度增加實物儲藏。這是一種生活經驗，消費者知道儲物往往得不償失，其根本原因是家庭儲藏與大規模商業化儲藏相比，其成本更高、儲藏物的保質期和保鮮期也會差得多。

工業品的儲藏除了受限於儲藏的高昂成本外，最大的威脅來自工業技術迅速進步帶來的產品價格下降和產品更新換代的加速。一百年前的工業品固然只能作為古董擺在博物館中供人觀賞，對於一二十年前甚至數年前的工業品，人們也會不屑一顧。除了商業流通的需要，各種工業企業都極力追求近零庫存的管理。

在生產季節性很強的農產品市場，尤其是糧食市場，實物性儲藏規模會略大於一年也就是一個生產週期的糧食產出。在遠洋捕撈中，有些漁船再次出海后要一年多才返航，捕獲物也要數月才由專門的運輸船運回。這些海產品的儲藏規模或許會大於一年的產出。沒有這種儲藏，生產生活是無法維持下去的。在連續性工業生產領域，在任何時刻我們也都必須擁有和一個生產週期產出相當的產品儲藏和資產累積，連續性生產不降低貨幣需求，也不降低貨物和資產儲備的總規模。但我們的實物性儲藏規模和一個生產週期的產出相比，

可以降到很低的程度。

在連續性生產環境下，實物性產品儲藏規模主要是由商業流通的需要決定的。有些產品儲藏規模可能只相當於數天的產出，比如麵包。商品儲藏規模相當於多長時間的產出規模，主要是與流通環節人們的行為相關的。在世界性市場環境下，由於流通環節的增加以及銷售距離的延長，整個社會的商業性儲藏規模是相當大的。對於遠距離銷售的商品，由於批發零售環節繁多，再加上在商場待售的時間，可能需要比一個月產出多得多的產品儲藏。這種大規模的商業儲藏不但可以充分滿足消費者正常的需求，還具有應對局部性自然災害和偶發性事件的能力。

這種以盈利為目的、以市場機制為運作原理的商業性儲藏是否就能滿足我們的儲藏需求？是否就能應對未來不虞之需？

在這個問題上，我們有許多經驗，但却找不到答案。經驗告訴我們，商業性儲藏在應對局部性自然災害、週期性的商業需求與小規模偶發事件上有充足的功效。有時發生一些「蒜你很」「姜你軍」的事件也無傷大雅，事件本身只會教會人們應對這些事情的經驗。經驗同時也告訴我們，僅僅有商業性儲藏還不夠，我們還需要有額外的儲藏，國家糧食儲備制度和國家戰略石油儲備也是我們的選擇。

古代中國就已存在的常態化的糧食儲備制度一直被堅持

了下來了，宋時常平倉糧食儲存量相當於一年消費量的1/6，即16.7%，現代聯合國糧農組織對各國糧食儲備的最低要求是17%~18%。在工業品儲藏領域，除了商業庫存，一些國家在少數生產領域還建立了國家收儲制度，尤其在少數礦產資源領域。其中最有影響的是石油儲備制度。1973年第一次石油危機爆發后，許多國家都建立了國家石油儲備制度並一直延續至今。這些國家儲備制度的存在和堅持，說明超出一般商業儲備基礎上的儲備的必要性。

在中國，糧食儲備有著悠久的歷史，這種歷史傳統影響之深，使得我們很難讚同市場化糧食儲藏或者說糧食商業庫存可以解決一切問題的觀念。民以食為天，我們能把如此重要的東西讓利欲熏心的商人掌控？我們已經認同了糧食生產的市場化，認同了糧食銷售的市場化，除此之外仍需要建立國家糧食儲備制度。

國家糧食儲備不是經濟性的，不是為了銷售，也不是為了盈利，就是把糧食閒置在倉庫中以備不虞之需。在災荒年景以儲備糧投放平抑糧食價格，只是糧食儲備制度的附帶功能，不代表糧食儲備的本來意義。何為不虞之需？是戰爭，是大規模的自然災害，還是外星人的光顧？糧食儲備的成本是高昂的，除了占用昂貴的土地外，還要占用資金，需要採取各種防潮、防蟲、自然低溫等措施。即使不像一些發達國家那樣採用低溫冷藏，糧食儲藏的成本也是高昂的。

糧食儲備面臨的最大困難是，即使我們採取了各種措施，糧食也只有數年的保質期、食用期，隨著時間的推移，糧食的營養成分、品質將逐年下降。這些是由糧食本身的生命體性質決定的。我們儲備的糧食需要年年替換，需要根據市場情況購糧、賣糧，儲備糧不參與流通是不可能的。但這種行為本身和我們的儲備糧性質是不一致的。這種行為會導致人們極力降低額外的儲備水平，甚至會追求零儲備，儲糧不如儲錢。但既然我們耗費巨資建立了國家糧食儲備制度，那麼國家儲備要是像普通商業儲備那樣運作，這種制度又有什麼意義呢？

除了國家戰略石油儲備外，許多國家對一些礦產品和工業品也建立了儲備制度，如有色金屬、稀土等，但國家戰略石油是最重要的儲備。國家戰略石油儲備面臨的最大困難是成本高昂和安全風險。在有石油地質儲藏並保持開採能力基礎上讓石油儲存在地下是一種最環保、最經濟的儲藏辦法。但許多國家都建立了戰略石油儲備制度，只是儲備水平和消費相比是較低的。中國為防範石油供給風險早在1993年就開始醞釀建立國家戰略石油儲備體系。但直至2003年，才正式啟動國家石油儲備基地第一期項目。在石油戰略儲備體系完成后，綜合商業儲備的儲備天數也僅為90天左右。由於成本和安全風險等原因，我們期望石油儲備能滿足數百天、數年甚至更長時間的需求，幾乎是不可能的。

在國家糧食儲備和戰略石油儲備中面臨的困難及儲藏水平仍然較低的事實告訴我們，無論儲藏技術發展到怎樣的程度，僅僅依靠儲藏物來滿足人們長期的消費需求是不現實的，我們需要連續不斷地生產，以維繫社會經濟生活的正常運轉。

§5.3　養老問題、養老現象種種

撫育下一代是人的天性，而贍養老人則是文明的產物。養老問題，尊老重賢還是賤老貴少？養老現象種種。

在整個動物界，無論是卵生動物還是胎生動物，成年雌性母體都會為幼體成長創造成長的條件。昆蟲會將卵產在適合幼體成長的地方，有時甚至產在其他生物體內。鳥類會孵蛋，餵養幼鳥，直到幼鳥能飛翔、獨立覓食為止。哺乳動物，尤其是肉食類高等哺乳動物，不但需要餵乳幼體，還需要花許多時間教會其獨立生存技能。少數低等生物不花費時間撫育下一代，那是因為這些生物的幼體打小就能獨立生存。人類作為萬物之靈，嬰兒不僅有漫長的哺乳期，還需要漫長的學習期。在原始環境下，人類就需要相當長的學習期了。在現代科學和技術條件下，這種學習期已遠遠超出了自然界任何動物所需的學習期。

撫育下一代是人類的天性，就像其他動物一樣，但也免

不了偶爾的殺戮。在動物界中，有些雄性成年猛獸如獅子、獵豹，不是為了食用也會捕殺無母獸保護的非自己的幼崽。在人類社會，直到今天，棄嬰現象都時有發生。古代埃及、古代中國曾經有易子而食、析骨而炊，中國歷史上部分地區存在溺殺女嬰、現代的棄嬰島等現象，但這些都不能否認撫育下一代是人的天性。養兒防老、積谷防饑是一種理性的說法，是人類文明發展到一定階段後人類理性思考的結果。自然界的叢林法則是指在幼體需要撫育而成體又不願承擔撫育責任的時候，這種物種只能在自然界中存在一代。這樣的物種即使曾經出現過，我們也不會在自然界中看到。在撫育下一代的責任問題上，古代社會和現代社會對棄嬰行為的道德譴責成分更多而法律懲治成分較少。

如果說撫育下一代是人的天性，是一種自然選擇的結果，那麼在養老問題上老有所養則是人類理性思考的結果，是人類文明進步的結果。

食草動物在跑不動的時候，會被其他食肉動物優先捕殺；食肉動物在年老體衰后也會因無力捕獲獵物而自然死亡。在整個動物界，各種動物從失去捕食能力到自然死亡的時間都極為短暫，在這一點上早期的人類和自然界其他動物不會有多少區別，在整個人類歷史上棄老行為恐怕比養老行為有更悠久的歷史。人類在地球上已存在了上百萬年的時間，但據考古論證，在2萬年前人類才有祭祀祖先的行為，在此之前，

棄老行為怕是一種普遍的行為。據說在漢水流域，早期的人們會將老年人禁錮在靠近河流的地方並供給食物，當洪水來臨時任憑洪水將老人衝走。這種棄老行為其實已經是人類文明發展到一定程度才發生的事情，這時的人類已經不再像過去那樣對老年人不聞不顧了，這種棄老也算是另類的養老吧。

在中國古代史料中，曾多處講述到遊牧的北方少數民族有賤老貴少的習性，年輕人和壯年人有著更高的社會地位和經濟地位，普通百姓在年長後必須甘於更貧窮的物質生活。這種情況與我們今天觀察到的情況已經不能相提並論，今天無論是西南的少數民族還是北方的少數民族，年長者都享有較高的社會威望。和這種賤老貴少現象不同，在漢民族和匈奴相處的年代，中原農耕地區年長者都可能享有相對更高的社會經濟地位。當時在大漢國有人就指責匈奴俗踐老，中行說則反駁道，漢俗屯戍從軍當發者，其老親豈有不自脫溫厚肥美以齎送飲食行戍乎？匈奴明以戰攻為事，其老弱不能鬥，故以其肥美飲食壯健者，蓋以自為守衛，如此父子各得久相保，何以言匈奴輕老也？

我們理應理解在那個時代及之前的若干年，不管各地區各民族對孝道的理解有多大的差異，養老行為都已經為人類所普遍接受了，像匈奴人那樣養對待老年人，完全算是接受了養老理念，孝的觀念很早就存在於其他蠻夷之邦。

作為人類天性的撫育下一代的責任偶爾也會被人們遺忘，

棄嬰現象需要用法律來懲治。對比棄嬰現象要普遍得多的非天性、非自然選擇的棄老現象我們又當持何態度？

在提倡孝道、提倡父為子綱的中國古代社會，形式上將養老義務推崇到了極致。但我們也要看到，如果孝僅僅是李密陳情表中陳述的孝，則人類歷史上孝子賢孫就那麼幾個。維持孝道有諸多講究，需要父慈子孝，需要論心不論行，更需要嚴厲的法律制度。這種制度在現在的人們看來是以剝奪人的一些基本權利為代價的，兒女們會因未能常回家看看而受到嚴厲的懲罰。其實在經濟生活中棄老現象遠較棄嬰現象普遍。這一事實不是那麼受人關注，其最主要的原因是多數人出自對下一代的關愛寧願默默應對年老后的寂寞時光。在提倡自由、提倡人人平等的西方國家，我們看到的是另一副圖案。在法律強調贍養義務、懲罰棄老行為的同時，又將養老義務限定在了絕大多數人認同且願意接受的範圍。這種做法是否對老人更絕情？畢竟，更可靠的制度化的社會養老制度首先出現在西方國家而非講究孝道的其他國家。

在古代中國直至近代中國，普通人完全退出生產勞動靠子女供養的時間是很短暫的，人們對依靠自身努力養老也有足夠的認同，對盡孝的基本要求僅僅是送終。多數有道德感的人都不會糾結於子女對自己的回報，也不會糾結於年輕人讓不讓座。在古代社會，無論是農民，不是城市手工業者、醫生、商人，只要身體條件尚可都會一直勞動下去。手工業

者在年老的時候直接干活的時間少了，却需要帶徒弟；商人不再參加長途販運，但會坐鎮指揮；醫生則有越老越俏的說法。今天在中國許多農村地區，農民仍需要勞動到70多歲甚至80多歲。因各種原因需要完全靠子女供養時，年長者通常都只能維繫某種基本的生活水準。只要做到這一點，社會輿論將不會再在道德上指責其后人，法律也不會予以懲處。道德化的養兒防老理念踐行的結果是人們在年老后仍主要靠自身努力養老，薄生厚死現象正是這種無奈現實的描述。

在工業社會，人類勞動得到了更充分的利用。在大規模利用勞動力、提高勞動效率的同時，市場化又使勞動者喪失有效勞動能力的時間提前了。在工業生產領域，要想在七八十歲時還繼續參加工作，真不是件容易的事情。在電子信息產業，年輕力壯者遠較年長者的勞動價值大。有時在年輕得多的時候，人們都不得不離開職場。中國曾經有為數不少的提前退休、內退內養；韓國有「四五退」「五六盜」的流行語；美國的聯邦法律則規定雇主不允許歧視年長員工，強迫他們退休。但美國法律中激勵人們勞動的措施到70歲以后就不再有效，甚至有相反的措施。

人均預期壽命的延長和喪失有效勞動時間的提前使得工業社會出現了大量退休人員，養老問題成為一個顯性的社會問題，不再僅僅是一個家庭問題。有的人會認為隨著現代經濟技術的發展，人們要滿足最低保障的消費需求已變得很容

易了並將越來越容易，因此困擾人類的養老問題將自動得到解決。這種觀點是很幼稚的。在西方發達國家，我們看不到因為經濟的發展養老問題已不再是一個問題，人們仍時常因法定退休年齡和醫保問題爭執不休。在中國，養老問題也是在改革開放后，在社會生產力有了大發展的情況下才顯性化的。我們拋棄了養兒防老，是因為那種模式已無法再維繫下去了。現在我們都非常清楚，還想像過去那樣養兒防老，把子女留在身邊靠子女供養已極其不現實了。

§5.4 儲藏和儲蓄，儲蓄養老的經濟基礎

儲藏和儲蓄。儲藏不能解決養老問題。儲蓄養老的經濟基礎：工業生產的長週期性質和工業資產的大量湧現

魯濱孫式的個人要想在喪失勞動能力後還有飯吃、有衣穿，就得在喪失勞動能力之前儲藏足夠的食物、衣物等。但在農業時代儲藏的性質決定了我們無法儲藏足夠的在退休後漫長時光消費所需的各種物品，糧食、蔬菜、衣物、其他各式消費品都沒有這麼長的儲藏期，我們需要的醫療服務及其他勞務更無法儲藏。貨幣的性質和貨幣財富的性質也決定了我們無法積攢足夠的錢。貨幣財富的累積需要相應的商品儲藏和資產累積來保證貨幣財富的有效性，這兩者在農業時代

都無法實現。

在除了土地之外其他資產稀少的農業時代，除了擁有大量土地的大地主和貴族，絕大多數普通人是沒有辦法為自己年老後的物質生活預先作好準備的。這是由農業社會生產生活的性質決定的。我們在現實經濟生活中看到許多人在年老後，仍不得不參加力所能及的勞動就是這一原因。在古代中國人的養老理念中有積谷防饑、養兒防老的說法，却從未有過積谷防老的說法。

在現代工業社會，儲蓄養老觀念逐漸取代了養兒防老觀念。這一觀念的出現是與工業社會生產生活的性質相聯繫的。在工業時代，我們雖然仍需要依賴連續性生產來滿足我們的消費需要，但工業生產長週期的性質和工業資產的大量湧現却使人們存錢有了可靠的經濟基礎。在工業時代，曾經的主要資產即土地資產由於耕者有其田制度的實現已降到次要的地位，工業資產成了主要的資產。工業生產需要大量投資的性質決定了不但資本家可以累積起遠遠超出其一生消費之需的資產，普通人也能累積起夠自己退休後消費之需的資產。工業時代的來臨，提供了儲蓄養老的可能，工業生產也構成了儲蓄養老的經濟基礎。

以60歲退休、人均預期壽命為74歲計算，要實現純粹的儲蓄養老，要使退休人員享有和就業時相同的收入，商品和勞務的平均生產週期就應當為14年。再考慮到退休後消費

水平的下降，如果替代率為60%，則需要的平均的商品和勞務生產週期約為8.4年。

現在的商品和勞務的平均生產週期為多少？在農業生產領域多數農作物的生長仍然維持著原來的季節性和週期性，但由於農業機械的大量使用，農業生產的週期比過去延長了。在飼養業領域，家禽、家畜的生長期已大大縮短，但其飼養中包含的其他價值成分更多了，其平均生產週期不像看起來縮短得那麼多。在工業生產領域，生產的長週期性質到目前為止仍是其最鮮明的性質。在知識產權方面實用新型有5年的有效期，實用發明有效期可達20年；採取有效的保密措施，專有技術可以有無限的有效期。第三產業生產週期看起來都很短，不論是服務業、商業、餐飲業、旅遊業，直接的生產週期只有數天、數月。但在這些產業中需要使用許多生產週期漫長的產品。運輸工具、通信工具、道路和商業設施等，都有著漫長的生產週期。

在儲蓄養老模式下，除非喪失了勞動能力，除非天性拒絕任何勞動，絕大多數人都可以在退休后靠退休金過日子。對許多家庭來說，子女能盡快自立，成年後不再需要家庭資助就很不錯了。在少數家庭，子女成年後還得長期靠父母資助，這就是所謂的「啃老」。在古代，男子成年後其家庭就會想盡辦法將他趕出家門以獨立謀生，女子成年后需要盡快找個好婆家嫁出去。現在的人們讀完學士要讀碩士，讀完碩

士讀博士，靠家庭供養的時間越來越長。但似乎人們撫育下一代已不是為了未來從兒女身上獲取物質回報，倒更像是在履行一種基本的社會責任。

　　為什麼會有這樣的轉變？人們當然會說，現在的人有錢，現在的人需要讀更多的書，現在的人年輕時生活困難。為什麼古代的人就不可以有錢？在漢朝時，中國的人均糧食產量曾經達到 2,500 千克，為什麼就累積不起更多的財富？對這種現象只能和生產的性質聯繫起來考慮。這就是在長週期的工業生產活動中，各種工業資產的大量湧現。這些資產雖然不是永久性的資產，但也有著數年乃至數十年的有效期。在工業生產領域，百年企業是罕見的，但多數企業仍有著二三十年甚至更長的存續期。這樣的有效期，對於儲蓄養老來說已經足夠了。我們可以擁有遠遠超出一年產出的資產，可以擁有遠超出一年產出價格的貨幣財富或債權。這是生產的性質，是儲蓄養老的經濟基礎。

　　儲藏的性質和連續性生產的性質決定了退休後我們消費的絕大多數商品和所有勞務都只能是當年的產出物。即使生產的性質容得下足夠我們退休後消費之需的資產，要把這些資產變現，轉化為商品和勞務產出供我們消費之需，仍有賴於下一代的努力。如果生產的性質在我們退休後發生了變化，比如勞動力變得稀少了、技術進步使得我們繳納的社保金藏身的資產貶值了，就會影響我們退休後的生活。

§5.5 儲蓄養老制度的建立，養老問題的性質

儲蓄養老制度的建立。養老問題的性質：養老問題是一個個人經濟選擇問題還是社會道德選擇問題？

事情很清楚，在儲蓄養老理念中養老問題不是一個道德問題，而是一個經濟選擇問題。人們可以早一些退休少一些退休金，也可以晚一些退休多一些退休金。可以多繳社保多領退休金，也可以少繳社保少領退休金。這樣一個問題是典型的個人經濟選擇問題。生產的性質和經濟發展提供了儲蓄養老的經濟基礎，循序漸進建立起來的儲蓄養老制度很容易使我們將養老問題理解為單純的經濟選擇問題。

要實現純粹的儲蓄養老，儲蓄養老制度只能是逐步建立起來的。在發放第一筆養老金之前若干年，領取養老金的人就需要繳納社保了。我們可以猜想在人類歷史上只有少數國家在某些歷史階段完全踐行了儲蓄養老的理念。利息收入曾占到國民收入 1/4 的英國，在那時可以很容易實現真正意義上的儲蓄養老。在這些國家，退休人員的退休金來自退休人員年輕時的累積，既非來源於國家財政又非來源於勞動年齡段人員繳納的社保。每個人繳納的社保在其退休之前都只用於累積，這種累積或許是一種貨幣資產，或許是其他各種類

型的工業資產產權。

　　和這些國家相比，中國的社會保障制度是在短時間內建立起來的。在繳費年限上實行的是視同繳費年限，退休人員工資主要不是來自社保累積而是來自在職職工的社保繳納。一些沒有繳納社保和繳納社保較少而靠一次性補繳社保再領取退休金的養老做法，只是一種兼具有商業保險和社會保障雙重性質的養老制度。在退休人員比例較小、社保基金運作良好的情況下，我們在養老金支付上存在的先天性缺口不會立即在社保金的支出上體現出來。但在退休人員比例增加且伴隨著持續通貨膨脹的情況下，養老金支付困難是難以避免的，社保基金先天性缺口不會隨時間推移自動消除。這樣的社會保障制度的建立過程，很難讓人們認同養老問題是一個純粹的個人經濟選擇問題。

　　以道德的觀點來看，何時退休、退休后應該享有怎樣的生活水準是一個清官難斷的家務問題。在生活困難的時候，比如在改革開放以前，是將家庭有限的好食物供給老人、孩子，還是壯勞力是讓每個家庭都頭疼的選項。傳說中漢水流域古人的另類養老、漢代北方遊牧民族的賤老貴少、在中國一直延續的薄生厚死等觀念都是實實在在地存在的。其實我們正是因為在這件事情上沒有一把有刻度的尺子來稱量每個人，才把它當作一個道德問題來看待的。

　　在中國，曾有一段歷史時期實行過企業養老。在這種模

式下，退休職工的收入由原來所在企業支付，退休工資由職工退休后企業的效益和在職職工的意願來裁決。企業效益好且在職職工認同時退休金就高，反之就低，甚至就沒有了。效益好了企業要漲工資、發獎金，退休職工工資漲多少、獎金給不給退休職工以及給多少都沒有統一的模式，為此退休人員也常常「鬧事」。

強調孝的養老觀念讚賞給予退休人員高工資，在改革開放初期每次提高退休人員工資時都要強調其道德正當性。再后來，因為通貨膨脹的原因，中國也多次提高退休工資，有時提高幅度還很大，但却不再強調其道德正當性，因為這種提高往往是在退休金實質性下降情況下提高的。提高退休工資的必然代價是稅收的加重，是在職人員社保繳納的增加。這對在職人員來說降低了收入，對企業來說增加了成本，消費品價格也將提高。人們當然無法從道德層面反對提高退休工資或反對無效，但在消費品價格提高后人們往往選擇不消費或減少消費。提高社保繳納額的本意是想讓在職者為養老提供更多的支持，但其效果反倒可能導致在職者放棄消費，不提供任何支持了。須知，在現代消費社會，沒有多少消費品是人們必須消費的，優質廉價就消費、質次價高就不消費是一種普遍的消費現象。消費一旦萎縮則生產必然萎縮，而生產的萎縮只會加重養老問題的惡化。

本質上屬於個人經濟選擇的養老問題一定要用解決道德

問題的模式來解決，除了讓人們陷入無休無止的爭議外，還會使我們失去理性、迷失方向。今天中國社會保障制度建設的特點是逐漸消除養老問題中的道德色彩，加重儲蓄養老的色彩。

現代社會在養老問題上，不再以孝來解決問題，但在儲蓄化社會保障制度中我們並不能完全撇開道德因素。沒有哪個國家能始終實行純粹的儲蓄養老，要是這樣的話我們多搞一些商業保險效果可能還好一些。純粹的儲蓄養老制度只需將繳費者繳存的錢及攢下的利息扣除經營成本後如數返還繳存者即可，社會保障性質的儲蓄養老則需要為每個參保職工都提供基本的生活保障。

在信用貨幣條件下，純粹的儲蓄養老可能會使繳費較少的退休職工無法依靠退休金維持基本的生活。比如在20世紀80年代初期每月幾元或一二十元的社保繳納就足以保障退休後的基本生活要求，但幾十年後這些錢能增值到多少？大家認同在社保基金運作中，安全性是首要的。這些錢或許會變成每月三五百元，但要保障基本的生活水平是不可能的。在實現基本生活保障的希望不大的情況下人們甚至會選擇退保。因此社會保障性質的儲蓄養老制度只能是一種總和意義上的儲蓄養老，而對具體的參保人員來說需要體現或多或少的劫富濟貧性質。每個職工只要依法繳納了社保，都有享有基本生活保障的權利。在養老金發放上對一直就享有更高收入的

所謂突出人才給與獎勵，是不符合社會保障制度的這一性質的，是一種劫貧濟富。

或許在未來，人們對儲蓄養老還會有新的認識。當生產的性質不再能容得下足夠儲蓄養老的資產累積的時候，在養老問題上，代與代之間在權利和義務的傳承制度將發揮實質性作用。純粹的儲蓄養老需要實實在在的有效的資產累積，而在代與代之間，在權利和義務的傳承制度中，我們積存的社保金將不再有對應的資產累積，而只是一種權利和義務的記載。在這樣的環境下，每個人一生中的開支就由撫育下一代的費用、工作期間的消費、退休后的支出構成。總的收入與支出相等，是一種生不帶來、死不帶走，赤條條來，去無牽掛的狀況。在這種情況下，繳納社保的時間和領取退休金的時間是不等的，但撇開利息和價格變動的影響，繳納的社保和領取的退休金在平均意義上講仍然相等。

§5.6 替代率和法定退休年齡問題

儲蓄養老制度基本規定：法定退休年齡、替代率、繳費比例。各種選擇的經濟性和道德性問題。法定退休年齡還是基本退休年齡？

在傳統的道德性養老觀念下，替代率是一個充滿道德色

彩、道德爭議的問題。但在儲蓄養老模式下，這只是一個簡單的問題，要想有較高的替代率就得多繳費，否則就少繳費，這是一個個性化的問題。在現實經濟生活中，國企和國有控股企業大多會根據職工實際收入繳費，最高限定在當地人均收入的三倍。其他類型的企業往往選擇少繳費，或按較少的職工收入標準繳費，個體從業者則可在0.6~3倍繳費基數範圍內自由選擇繳費標準。在替代率問題上，現行社會保障制度已經為許多人提供了充分的選擇權。

　　替代率主要是從消費結構及退休人員消費需求特點來考慮的。退休人員和在職人員相比，一些消費需求維持不變，一些減少了而另一些增加了。剛退休的時候人們在食品、飲料等消費上幾乎沒有改變，但隨著年齡增加這些消費需求會顯著下降。在服裝消費上退休人員較少追求時尚，但一些老年人仍希望有得體的服裝。在家庭設備用品、轎車的消費上，退休後的需求將下降。在這些消費領域，退休人員的消費特點是略有下降，但基本維持原狀。在居住消費、撫養下一代、教育等方面，退休人員開支大幅度下降了，或者說沒有了。即使沒有自住房，也可以選擇偏遠點的廉價住房，不必像在職時那麼講究居住地點。對於撫養下一代，只有極少數人才有這種需求。少數人在退休后選擇繼續學習，但這種學習只是生活的點綴。在休閒娛樂、交通通信、旅遊等方面，退休人員的消費需求也會一般性下降。只有在醫療消費和保健領

域，退休人員才普遍比在職人員有更高的消費支出。雖然醫保承擔了大部分醫療支出，但自費部分以及患病帶來的其他種種不便都需要花錢來解決。如果疾病嚴重到生活不能完全自理，護理的開支是很高昂的。

從生活經驗來看，退休后人們的消費支出總體上是下降的，或者換一種說法是年長后消費能力會下降，因此在沒有通脹的情況下替代率無需達到100%，或許50%~60%就足夠了。有些人願意有更高的替代率，則可以提高繳費率，也可以購買一些商業保險，多做一些其他投資或多存些錢。一般意義上作為社會保障性質的儲蓄養老只需滿足退休人員基本消費之需就足夠了。何為基本消費需求？赤條條來，去無牽掛即為基本消費需求。較低的替代率更能實現純粹的儲蓄養老，積存的養老金安全性也更有保證。

在替代率、預期壽命、退休年齡以及工作年限已知的情況下，如果我們不考慮通貨膨脹，則社保繳費率只是一個簡單的算式。在預期壽命74歲、退休年齡60歲、替代率為0.6、人均工作年限為35年時，社保繳費率計算如下：

$$社保繳費率 = \frac{預期壽命 - 退休年齡}{工作年限} \times 替代率 = \frac{74-60}{35} \times 0.6 = 24\%$$

法定退休年齡的制定首先需要考慮儲蓄養老經濟上的可行性，在平均意義上要實現儲蓄養老的必要前提是人們能夠儲蓄起足夠退休后消費之需的資產，我們繳存的養老金有可

靠的資產保證而非僅僅是一種權利和義務的記載。現代工業生產提供的儲蓄養老的經濟基礎雄厚到怎樣的程度？完全依靠儲蓄我們可以在退休后生活多少年？

在任何情況下經濟活動的連續性性質都要求我們始終維持一個生產週期總產出價格相當的實物產品和資產儲備。農業社會這種儲備體現為農產品儲藏，其極限是由農產品的儲藏週期決定的。雖然傳統的農產品儲藏技術已提供了較長的農產品包括糧食的儲藏時間，但在歷史上這種儲藏水平一直是很低的。在工業社會，這種儲備主要體現為工業資產的累積而非實物產品的儲藏，這種儲備已經遠遠超出了一年的總產出價格。但儲藏的性質和生產的連續性性質決定了這種儲備不會顯著超出一個生產週期的總產出價格。這種儲備再加上商業庫存、家庭實物性「財富」累積，就構成了儲蓄養老的經濟基礎，決定了儲蓄養老時間。

儲蓄養老時間當然要受老齡化、通貨膨脹等的影響。老齡化會影響到資產價格，從而縮短儲蓄養老時間。

在初始工作時間、預期壽命一定的情況下，儲蓄養老時間就決定了法定退休年齡，只有實際的退休年齡不早於這一退休年齡，真正的儲蓄養老才能得到實現。如果替代率按 1 來考慮，這一時間在中國估計就在 10 年左右，但這一時間已遠遠長於農業時代的儲蓄養老時間。

在儲蓄養老模式下，我們需要的養老金規模是很龐大的，

中國有13億人，人均預期壽命75歲且60歲退休，退休人員總數將達13億/70×15＝2.6億人。假如人均年退休工資為18,000元/年，每年的退休金支付將為46,800億元，這個數額並不算特別高，但退休人員繳存的退休金總額將達216萬億元。在這個數字之外，我們還需要加上在職人員繳存的數額更高的退休金。這麼高的養老金繳存規模以什麼為基礎？現代經濟生活是否能提供這樣的經濟基礎是值得懷疑的。這也是中國目前社保覆蓋率很低的原因所在。

在退休年齡問題上，我們面臨的最大困難是生產的性質只提供了較短的儲蓄養老時間，但勞動力市場却要求人們較早回家休息。在這種情況下，我們雖然可以制定法律鼓勵延遲退休，或者像美國那樣禁止企業歧視老年員工，但這些人在企業中發揮不了作用，將這些人留在企業中又有什麼好處呢？

我們首先得反思，為什麼在現代社會養老問題會變得如此重複，成為一個社會性問題？我們有大量的退休人員，我們進入了老齡社會。

一些專業領域如影視、娛樂、職業體育等，歷來都被視為是吃青春飯的領域，在這些領域，年齡稍大要想再在這個圈子裡混飯吃就不行了。這種情況在任何職業領域都是存在的，只是在其他職業領域，人們的職業生涯不像影視、娛樂、職業體育等領域那麼短暫。農業生產是職業生涯最長的生產

領域，有許多農民在到六七十歲甚至更老的時候仍從事生產勞動。在農業生產中，工作效率低一些、工作質量差一些、時常出點岔子都不是什麼大問題。但在工業生產中，同樣的問題會導致非常嚴重的后果，最終是企業認為雇傭這樣的人還不如花點錢把這些人養起來。在工業企業中，少數崗位只適合青壯年干，企業為了吸引到足夠的勞動力，要麼為這些人提供高工資，要麼在其年長后提供其他工作崗位。在第三產業領域，只要一個人的勞動僅僅是自己為自己服務，是自娛自樂，不會有人挑剔，但是為別人服務情況就不同了。

　　機器的廣泛使用已把人類從繁重的勞動中解放出來了，現代工業生產也需要更多的專業知識、專業技能、專業經驗。這些預示著工業生產中純體力的要求降低了，但這是否意味著越老越吃香呢？事實當然不是這樣，工業生產仍有著較農業生產短得多的職業生涯。

　　生產的性質提供了較長的儲蓄養老時間，勞動力市場也認同年長者的勞動價值，在這時退休年齡的選擇就會更多體現其經濟選擇的性質。退休年齡的選擇主要體現為在一生中勞動時間如何安排的問題。

　　在總勞動時間一定的情況下，一天、一年、一生都存在如何安排勞動時間問題。以年來論，如果我們每年需要的勞動時間為2,000小時，這2,000小時是均衡分佈在全年還是集中到上半年？集中到上半年，在每天不休假的情況下我們

每天需要勞動近 11 小時。以一生來看，也存在如何安排我們的勞動時間問題。我們是否可以把退休年齡定在 40 歲？在 40 歲以前拼命勞動，繳納很高比例的社保金。在這種情況下，我們會看到大量仍然身強力壯的四五十歲的人到處閒逛。我們把退休年齡定在 70 歲，在年輕時就只需交很少的社保金了。我們又會看到在許多需要集中精力、需要行動敏捷的工作崗位上，一些年老體衰、精力減退的人在履行著職責。

延遲退休引發老年人和年輕人爭飯碗的問題是個偽命題。在一些職業領域，就業人數是長期維持不變的，比如軍隊數量、公務員數量。在這些領域延遲退休會導致年輕人就業不易、升遷困難。但在更廣泛的就業領域，問題的性質完全不同。在儲蓄養老制度下較早的退休必然降低退休人員的收入，其消費水平也更低，更低的社會需求會讓整個社會就業機會減少、創業不易，致富困難。如果是強制性道德性給與退休人員固定的收入，較早退休引發的問題更為嚴重，因為年輕人的負擔會顯著加重，這有利於年輕人創業、就業嗎？如果擔心勞動力供給過剩，延遲退休引發的勞動力供給增加可以通過縮短周工作時間或增加年休時間來協調。以平均就業時間 35 年，每年平均勞動時間 250 天 2,000 小時計算，則每年每人平均增加 7 天的休假，理論上就可應對退休年齡延長一年增加的勞動力供給。

替代率和退休年齡是社會保障制度中的基本制度規定，

同時又是人們最基本的經濟選擇權。制度性東西要求一致性，而經濟選擇權利又有無限的選項。在替代率上，在繳費標準上，我們已經為人們提供了多種選擇，同樣在退休年齡上我們也需要為人們提供多種選擇。在繳費標準上，人們可以按最低0.6的標準繳費，也可按最高3倍的標準繳費，選擇足夠多了。在退休年齡上我們也需要基本退休年齡，在這個年齡之上，人們可以做出最有利於自己的選擇。從這個意義上講，我們用基本退休年齡來替換法定退休年齡更符合事情的本來性質。

要堅持儲蓄養老理念，則較早的基本退休年齡或許是一種恰當的選擇。因為在基本退休年齡太晚的情況下，人們對實際退休年齡的選擇會受到很大的限制，企業、個人幾乎都沒有選擇的余地。在基本退休年齡較早的情況下，企業、個人都有較多的選擇權。企業可以繼續雇傭超出基本退休年齡的人，也可辭退超出基本退休年齡的人。人們可以選擇在達到基本退休年齡后重新就業，也可選擇和企業協商后延遲退休。

國家圖書館出版品預行編目(CIP)資料

需求分析/ 黃永蒼 著.-- 第一版.
-- 臺北市：崧博出版：財經錢線文化發行, 2018.10
　面 ； 公分
ISBN 978-957-735-536-2(平裝)
1.市場分析
496.3　　　107016313

書　名：需求分析
作　者：黃永蒼 著
發行人：黃振庭
出版者：崧博出版事業有限公司
發行者：財經錢線文化事業有限公司
E-mail：sonbookservice@gmail.com
粉絲頁　　　　　　　網　址：
地　址：台北市中正區延平南路六十一號五樓一室
8F.-815, No.61, Sec. 1, Chongqing S. Rd., Zhongzheng Dist., Taipei City 100, Taiwan (R.O.C.)
電　話：(02)2370-3310　傳　真：(02) 2370-3210
總經銷：紅螞蟻圖書有限公司
地　址：台北市內湖區舊宗路二段 121 巷 19 號
電　話：02-2795-3656　傳真：02-2795-4100　網址：
印　刷：京峯彩色印刷有限公司（京峰數位）

　　本書版權為西南財經大學出版社所有授權崧博出版事業有限公司獨家發行電子書及繁體書繁體版。若有其他相關權利及授權需求請與本公司聯繫。

定價：350元
發行日期：2018 年 10 月第一版
◎ 本書以POD印製發行